Frédérick Henri

La programmation mathématique pour la gestion de la QOS

Frédérick Henri

La programmation mathématique pour la gestion de la QOS

Presses Académiques Francophones

Impressum / Mentions légales

Bibliografische Information der Deutschen Nationalbibliothek: Die Deutsche Nationalbibliothek verzeichnet diese Publikation in der Deutschen Nationalbibliografie; detaillierte bibliografische Daten sind im Internet über http://dnb.d-nb.de abrufbar.
Alle in diesem Buch genannten Marken und Produktnamen unterliegen warenzeichen-, marken- oder patentrechtlichem Schutz bzw. sind Warenzeichen oder eingetragene Warenzeichen der jeweiligen Inhaber. Die Wiedergabe von Marken, Produktnamen, Gebrauchsnamen, Handelsnamen, Warenbezeichnungen u.s.w. in diesem Werk berechtigt auch ohne besondere Kennzeichnung nicht zu der Annahme, dass solche Namen im Sinne der Warenzeichen- und Markenschutzgesetzgebung als frei zu betrachten wären und daher von jedermann benutzt werden dürften.

Information bibliographique publiée par la Deutsche Nationalbibliothek: La Deutsche Nationalbibliothek inscrit cette publication à la Deutsche Nationalbibliografie; des données bibliographiques détaillées sont disponibles sur internet à l'adresse http://dnb.d-nb.de.
Toutes marques et noms de produits mentionnés dans ce livre demeurent sous la protection des marques, des marques déposées et des brevets, et sont des marques ou des marques déposées de leurs détenteurs respectifs. L'utilisation des marques, noms de produits, noms communs, noms commerciaux, descriptions de produits, etc, même sans qu'ils soient mentionnés de façon particulière dans ce livre ne signifie en aucune façon que ces noms peuvent être utilisés sans restriction à l'égard de la législation pour la protection des marques et des marques déposées et pourraient donc être utilisés par quiconque.

Coverbild / Photo de couverture: www.ingimage.com

Verlag / Editeur:
Presses Académiques Francophones
ist ein Imprint der / est une marque déposée de
AV Akademikerverlag GmbH & Co. KG
Heinrich-Böcking-Str. 6-8, 66121 Saarbrücken, Deutschland / Allemagne
Email: info@presses-academiques.com

Herstellung: siehe letzte Seite /
Impression: voir la dernière page
ISBN: 978-3-8381-7751-9

À Odile Marcotte et Brigitte Kerhervé,

professeures d'informatique à l'UQAM

Table des matières

LISTE DES TABLEAUX   iv

LISTE DES FIGURES   v

Résumé   1

Introduction   3

1 DESCRIPTION D'UN MODÈLE EXISTANT   8
    1.1 Introduction 8
    1.2 Définitions préalables 8
    1.3 Présentation du modèle 15
    1.4 Étapes de création du modèle 17

2 EXEMPLE DE MODÉLISATION   19
    2.1 Création du profil de tâche 19
    2.2 Génération de contraintes 26

3 CRITIQUES DU MODÈLE   27
    3.1 Traduction du qualitatif en quantitatif 28
    3.2 Liaison ressource - point de qualité 30
    3.3 Choix de l'utilité du système 31
    3.4 Normalisation de l'utilité 31

4 CORRECTIONS ET AJOUTS AU MODÈLE   33
    4.1 Traduction du qualitatif en quantitatif 33
    4.2 Liaison ressources - points de qualité 46
    4.3 Choix de la fonction d'utilité du système 48
    4.4 Normalisation de l'utilité 49

5 ANALYSE ET MODÉLISATION   52
    5.1 Algorithme général 52
    5.2 Étapes de création 54

5.3 Modèle conceptuel 62

CONCLUSION **68**

RÉFÉRENCES **71**

BIBLIOGRAPHIE SÉLECTIVE **72**

Liste des tableaux

2.1 Exemple de ressources 23

3.1 Exemple de relation entre les dimensions de qualité de niveau
supérieur et celles de niveau inférieur 29

4.1 Exemple de relation entre dimensions de niveaux différents et de
poids différents 37

4.2 Exemple de relation entre dimensions de niveaux différents et de
poids semblables 38

4.3 Illustration de la relation entre les dimensions de niveau supérieur
et celles de niveau inférieur 40

4.4 Exemple de transformation des dimensions de qualité de niveau
supérieur en dimensions de niveau inférieur 43

4.5 Squelettes et illustration de fonctions d'utilité 49

Table des figures

1.1 Comportement de l'utilité 11

3.1 Étapes préliminaires à la résolution du problème 27

3.2 Exemple de relation entre les dimensions de qualité de niveau
supérieur et celles de niveau inférieur 29

4.1 Illustration de la traduction à effectuer 34

4.2 Illustration de la relation entre les dimensions de qualité de niveau
supérieur et celles de niveau inférieur 39

4.3 Architecture de Lee (Lee, 1999, p.37) 47

4.4 Nouvelle architecture proposée 47

5.1 Étapes nécessaires à la résolution du problème 53

5.2 Ordonnancement des étapes à suivre 54

5.3 Diagramme conceptuel UML 64

Résumé

Dans un système multimédia réparti, plusieurs usagers souhaitent accéder à l'information stockée sur un ou plusieurs serveurs. Nous voudrions que ces usagers soient en mesure de spécifier le comportement du serveur à leur égard. Ainsi, ceux-ci pourraient déterminer le niveau de qualité offert par ce dernier (vitesse de transmission, qualité de l'image, qualité du son, etc...). Cette caractéristique du comportement de la transmission se nomme *Qualité de service* (QoS).

La problématique de qualité de service se divise en cinq parties :

1. la spécification : consiste à identifier les dimensions de la QoS d'une application, de même que le niveau de QoS attendu par l'usager (qualité vidéo, qualité audio, etc.) ;

2. traduction : traduit les dimensions de la QoS saisies sous forme qualitative en des paramètres quantitatifs du système (débit, taille des paquets, etc.) ;

3. négociation : établit un contrat entre les exigences de QoS et les composantes du système ;

4. adaptation : permet de renégocier la QoS en fonction de l'état du système ;

5. suivi : vérifie si l'usager reçoit la qualité attendue.

Ce mémoire porte principalement sur le second point, soit la traduction. Nous supposons qu'il est possible de saisir les attentes (sous forme qualitative) de l'usager et nous proposons une méthode pour transformer ces dernières en paramètres du système.

En résumé, ce mémoire, réalisé dans le cadre d'un projet du RCM2 (Réseau de calcul et de modélisation mathématique), étudie la gestion de la qualité de service (QoS) en tant que problème d'optimisation. Il modifie un modèle mathématique existant permettant d'optimiser la qualité de service dans un système multimédia réparti et définit certaines étapes préalables à la résolution du modèle. Ainsi, à l'aide d'un modèle mathématique, nous proposons une stratégie permettant de résoudre le problème d'allocation du niveau de qualité et de la quantité de ressources à allouer à chacune des tâches dans un système multimédia réparti. De plus, nous décrivons les étapes nécessaires à la construction et à la conservation des données du modéle.

Mots clés : Qualité de service - Programmation mathématique - Système réparti - QoS - mapping

Introduction

Ces dernières années, la puissance des stations de travail et leur capacité à traiter l'audio et la vidéo ont beaucoup augmenté. Pour cette raison, beaucoup de chercheurs se sont intéressés à la possibilité de permettre à l'usager d'influencer le comportement d'une application s'exécutant dans un environnement réparti. En effet, on voudrait que l'utilisateur soit en mesure de spécifier de quelle façon son application lui livre les données. À l'aide d'une interface, celui-ci serait en mesure de spécifier la qualité de service qu'il désire obtenir. Si, par exemple, l'application s'occupe de vidéoconférence, l'usager pourra spécifier ses attentes par rapport à l'image (taille, couleur, résolution, images par secondes), au son (échantillonnage), à la sécurité (taille de clé de chiffrage), au temps de réponse, etc. La façon dont l'application se comporte est appelée *qualité de service*. Pour définir ce concept de façon formelle, nous utiliserons la définition de (Vogel et al., 1995) : *"La qualité de service dans un système multimédia réparti est l'ensemble des caractéristiques qualitatives et quantitatives d'un système multimédia réparti nécessaires pour l'atteinte de la fonctionnalité désirée pour une application".* De façon à alléger le texte, nous utiliserons les acronymes *QoS* pour désigner la qualité de service et *SMR* pour faire référence à un système multimédia réparti.

Pour qu'une application possède une QoS satisfaisant l'usager, plusieurs mécanismes doivent être mis en place. Voici une description des principaux éléments nécessaires.

– Interface de saisie

Pour que le SMR soit en mesure de répondre aux besoins de l'usager, il doit tout d'abord connaître ses attentes. Pour ce faire, l'utilisateur d'une application doit, avant l'exécution, spécifier la QoS qu'il désire obtenir à l'aide d'une interface. De façon à augmenter les chances que ses demandes soient acceptées, il spécifiera un minimum et un maximum et le SMR tentera de fournir une QoS se trouvant dans l'intervalle spécifié. Dans ce mémoire, chaque usager spécifie la qualité minimale nécessaire et le système tente d'offrir une qualité située entre le minimum choisi par l'usager et la qualité maximale.

– Traduction en paramètres systèmes

(Aurrecoechea, Campbell et Hauw, 1998) définissent la traduction (aussi nommée *mapping*) comme étant *"La fonction de traduction automatique des différentes représentations de la QoS vers les niveaux du système (i.e., système d'exploitation, couche transport, réseau, etc.), permettant à l'usager de ne pas penser en termes de bas niveau."*. Cette fonction est nécessaire, parce que les caractéristiques saisies auprès de l'usager pour décrire la QoS seront très différentes des paramètres utilisés par le système. Il faut donc être en mesure de traduire les paramètres de l'usager en paramètres du système. Il faut de préférence que cette opération soit bidirectionnelle (Nahrstedt et Steinmetz, 1995), afin de communiquer à l'usager la description de la QoS attribuée. Les caractéristiques saisies doivent être très intuitives. Par exemple, on peut parler tout simplement de *qualité d'image*, alors que l'on pourrait détailler ce point en spécifiant la *taille de l'image* (320x200, 640x480, 800x600), le *nombre de bits de couleur* (4, 8, 16, 32), etc. La traduction permettra donc de passer de la caractéristique *qualité d'image* à un vecteur contenant la *taille de l'image* et le *nombre de bits de couleur* (et peut-être d'autres caractéristiques). Il se peut que plusieurs traductions successives soient nécessaires pour obtenir les paramètres systèmes (par exemple, la taille d'un paquet, la méthode de compression, etc.).

– Choix de qualité offerte

Il faut pouvoir déterminer si le SMR est en mesure de satisfaire les demandes de l'usager. Ensuite, si c'est le cas, il faut choisir parmi l'ensemble des différentes possibilités de QoS laquelle sera offerte. Il risque en effet d'y en avoir plusieurs puisque, comme mentionné ci-haut, les attentes sont exprimées à l'aide d'une borne inférieure et d'une borne supérieure. Supposons que l'usager a choisi le vecteur de qualité minimale $< 2, 1, 6, 5 >$, où 2 représente la qualité vidéo, 1 la qualité audio, 6 la vitesse et 5 la sécurité. Alors le système devra fournir un vecteur de qualité choisi parmi les vecteurs suivants :

$< 2, 1, 6, 5 >$, $< 2, 1, 6, 6 >$, $< 2, 1, 6, 7 >$, $< 2, 1, 7, 1 >$, $< 2, 1, 7, 2 >$, $< 2, 1, 7, 3 >$, ..., $< 7, 7, 7, 5 >$, $< 7, 7, 7, 6 >$, $< 7, 7, 7, 7 >$.

On suppose ici que la valeur 7 représente un maximum pour chacune des caractéristiques. Il se peut que certaines de ces valeurs ne soient jamais fournies.

– Réservation de ressources

Lorsque la QoS à allouer à chacune des tâches a été déterminée, le système doit réserver les ressources nécessaires pour fournir cette QoS. Cette étape et les deux précédentes doivent être terminées avant que la transmission de données ne débute.

– Suivi de la qualité

Lorsque la tâche a reçu un certain niveau de qualité et est exécutée conformément à ce niveau, il faut réaliser un suivi de la qualité. En effet, il se peut que la QoS offerte doive diminuer en raison de la congestion et il faut alors choisir une nouvelle allocation de la QoS. Il se peut aussi qu'une autre tâche se termine et que de nouvelles ressources soient disponibles, permettant ainsi d'augmenter la QoS offerte à une autre tâche.

Dans ce mémoire, notre intérêt se porte principalement sur le choix de la qualité et des ressources à offrir à chacune des tâches concurrentes dans un SMR.

En effet, si une tâche était la seule à demander une certaine qualité (et implicitement un certain nombre de ressources) au SMR, il n'y aurait aucun intérêt à étudier le problème puisque le système n'aurait qu'à donner la qualité maximale. Or nous étudions le cas où plusieurs tâches demandent simultanément un certain niveau de qualité borné par des limites supérieure et inférieure (dépendant de la tâche). Puisque les ressources du SMR sont limitées, il est en général impossible de donner la qualité maximale à toutes les tâches. Il faut donc décider quel niveau de qualité sera offert à chacune des tâches en fonction des ressources disponibles, de la priorité des tâches, des attentes des usagers, etc. Les choix à effectuer peuvent donc être considérés comme la solution d'un problème d'optimisation.

Il existe plusieurs façons de modéliser et de résoudre un tel problème. Nous voulions un modèle flexible permettant de traiter un nombre quelconque de ressources, de tâches et de dimensions de qualité, de sorte que le modèle puisse être employé sur différentes plates-formes et avec des applications de natures différentes. Après réflexion, nous avons opté pour un modèle de programmation linéaire. Nous avons de plus trouvé un excellent travail sur le sujet, soit la thèse de doctorat de Chen Lee (Lee, 1999), sur lequel s'appuie principalement l'ensemble de ce mémoire. En effet, Chen Lee présente un modèle général correspondant à nos attentes dans ses grandes lignes. Nous croyons cependant qu'il y a plusieurs modifications à apporter à son modèle pour qu'il soit réellement applicable, ce qui constitue un des principaux points sur lequel nous travaillerons. Ainsi, ce mémoire vise principalement à :

étudier la possibilité d'utiliser la programmation linéaire pour la gestion de la QoS dans les systèmes multimédia répartis.

Pour ce faire, nous commencerons par résumer le travail de Lee et présenter le modèle qu'elle a créé. Ensuite, nous critiquerons les différents éléments de ce dernier à l'aide d'un exemple concret. Finalement, nous tenterons de proposer des solutions aux différentes lacunes identifiées.

Ce mémoire nous amènera aussi à :

– approfondir la notion de QoS,
– clarifier le problème d'optimisation rattaché à la QoS,
– comprendre, résumer et critiquer la thèse de Lee,
– proposer des solutions pour améliorer le modèle de Lee, et
– déterminer les possibilités de mettre en pratique le modèle.

Ce mémoire s'inscrit dans un projet financé par le RCM2 et dont l'objectif est d'étudier la gestion de la qualité de service (QoS), formulée comme problème d'optimisation. Pour ce faire, il modifie un modèle mathématique existant permettant d'optimiser la qualité de service dans un système multimédia réparti et définit certaines étapes préalables à la résolution du modèle. Ainsi, à l'aide d'un modèle mathématique, nous proposons une stratégie permettant de résoudre le problème d'allocation du niveau de qualité et de la quantité de ressources à allouer à chacune des tâches dans un système multimédia réparti. De plus, nous décrivons les étapes nécessaires à la construction et à la conservation des données du modèle.

La suite logique de ce travail consiste à développer un outil permettant de résoudre le problème d'optimisation à l'aide des stratégies présentées dans ce mémoire. D'ailleurs, ce projet est en cours de réalisation. Ensuite, il faudra étudier la rapidité de résolution du modèle et juger de son utilité en temps réel. Finalement, si tout va bien, il ne restera plus qu'à l'implanter et l'utiliser pour gérer la QoS.

Chapitre 1

DESCRIPTION D'UN MODÈLE EXISTANT

1.1 INTRODUCTION

Dans le but de bien comprendre les chapitres à venir, nous définirons immédiatement la plupart des outils et des termes qui seront ultérieurement utilisés dans ce mémoire. La majeure partie de ces définitions proviennent directement de (Lee, 1999). Par la suite, nous décrirons le modèle qu'elle a créé.

1.2 DÉFINITIONS PRÉALABLES

1.2.1 Tâches versus applications

On entend par tâche l'exécution d'une application qui requiert du système une certaine quantité de données et qui s'attend à recevoir ces dernières avec une certaine qualité. Le nombre de tâches présentes dans le système sera dénoté n. La tâche numéro i sera dénotée T_i, où $1 \leqslant i \leqslant n$.

Il est à noter que *tâche* n'est pas synonyme d'application. En effet, une application est un programme informatique, alors qu'une tâche est l'exécution d'une application. On peut donc avoir deux tâches qui sont en fait deux exécutions différentes de la même application.

1.2.2 Dimension de qualité

On nomme *dimension de qualité* une caractéristique du comportement qu'attend une tâche de la part du système. Nous la représentons par un ensemble de valeurs ordonnées correspondant aux différents niveaux pour une caractéristique donnée. Voici des exemples de dimensions de qualité :

- nombre de bits de couleur : 1, 3, 8, 16, 24 ;
- taille de clé de chiffrage (en bits) : 0, 56, 64, 96, 128 ;
- nombre d'images (par seconde) : 1, 2,..., 30.

On pose que chaque tâche T_i possède d_i dimensions de qualité, où $d_i \geqslant 1$, et on note Q_{is} la $s^{\text{ième}}$ dimension de qualité de la $i^{\text{ième}}$ tâche, où $1 \leqslant s \leqslant d_i$. Ainsi, par exemple, $Q_{3,5}$ représente la $5^{\text{ième}}$ dimension de qualité de la $3^{\text{ième}}$ tâche.

1.2.3 Index de qualité

Il est difficile de travailler directement sur les dimensions de qualité. En effet, chacune est exprimée à l'aide de son unité de mesure propre (bits, images par seconde, etc.). De plus, alors que pour certaines un petit nombre représente une mauvaise qualité (i.e., nombre d'images par seconde), pour d'autres cela signifie une bonne qualité (i.e., nombre maximal de paquets perdus). Pour pallier à cet inconvénient, nous définissons la notion d'*index de qualité*. Un index de qualité est en fait une fonction bijective $f_{is} : Q_{is} \to \mathbb{N}$ qui transforme une dimension de qualité en un ensemble de valeurs entières ordonnées comprises entre 1 et $|Q_{is}|$.

Par exemple, voici les index de qualité pour les dimensions décrites en 1.2.2 :

- Nombre de bits de couleur en bits : 1, 3, 8, 16, 24
  Index de qualité :   1, 2, 3, 4, 5
- Taille de clé de chiffrage en bits : 0, 56, 64, 96, 128
  Index de qualité :   1, 2, 3, 4, 5
- Nombre d'images par seconde : 30, 29, ..., 1
  Index de qualité :   1, 2, ..., 30

Il est à remarquer que les valeurs de l'index de qualité sont ordonnées en ordre croissant de qualité. Ainsi, $f_{is}(x) > f_{is}(y) \rightarrow$ x "est meilleur" que y.

Pour simplifier les notations, nous utiliserons la notation Q_{is} pour représenter le codomaine de l'index de qualité de la $s^{\text{ième}}$ dimension de qualité de la $i^{\text{ième}}$ tâche. Cela permettra de supposer que les dimensions de qualité sont exprimées en nombres naturels. Dans ce qui suit, la référence à une dimension de qualité représentera toujours l'index de qualité de cette dimension.

1.2.4 Espace de qualité

Pour un i donné compris entre 1 et n, on note Q_i l'*espace de qualité* de la tâche T_i et on le définit comme étant le produit cartésien de tous les Q_{is}, où $1 \leqslant s \leqslant d_i$ (c'est-à-dire que $Q_i = Q_{i1} \times Q_{i2} \times ... \times Q_{id_i}$). L'espace de qualité Q_i est donc l'ensemble de toutes les combinaisons de qualité que l'on peut allouer à la tâche T_i.

Par ailleurs, on nomme *point de qualité* un élément k_i de l'espace de qualité Q_i et on définit $k_{i(s)}$ comme la $s^{\text{ième}}$ coordonnée de k_i. Il est à remarquer que le nombre de points de qualité d'un espace de qualité est égal à $|Q_i| = |Q_{i1}| \times |Q_{i2}| \times ... \times |Q_{id_i}|$.

Par exemple, si on prend les dimensions de qualité de la section 1.2.2 (nombre de bits de couleur, taille de la clé de chiffrage et nombre d'images par seconde), l'espace de qualité correspondant est l'ensemble

$$Q_i = \{1, ..., 5\} \times \{1, ..., 5\} \times \{1, ..., 30\}$$

qui contient 750 points de qualité.

L'usager devra choisir un de ces points comme étant la qualité minimale acceptable pour que l'application vaille la peine d'être exécutée. Nous noterons ce point de qualité k_i^{min} et nous l'appellerons *point de qualité minimal*.

1.2.5 Utilité d'une tâche

On définit l'*utilité d'une tâche* comme le plaisir obtenu lorsqu'un certain niveau de qualité est attribué à la tâche. Elle permet de comparer les différents niveaux de qualité donnés à une tâche. On définit tout d'abord l'utilité sur l'index d'une dimension de qualité. C'est donc une fonction $u_{is} : Q_{is} \to \mathbb{R}$. Lorsque l'utilité est définie pour chaque dimension d'une tâche, on peut définir l'utilité de la tâche $u_i : Q_i \to \mathbb{R}$. Dans la thèse de Chen Lee, $u_i(k_i) = \sum u_{is}(k_{i(s)})$. Il est à noter que s'il existe un s compris entre 1 et d_i tel que $k_{i(s)} < k_{i(s)}^{min}$, alors l'utilité du point de qualité k_i est nulle.

Il suffit donc de choisir la forme de l'utilité (linéaire, exponentielle, en escalier) en fonction de la qualité que l'on attribue à la dimension. Cette étape doit faire partie de l'interface auprès de l'usager puisque seul ce dernier peut juger de l'importance de chaque dimension et que ce sont ses choix qui influenceront la qualité allouée. Il est à noter que les choix effectués peuvent être sauvegardés dans un profil de l'usager de façon à ne pas forcer l'usager à fournir les mêmes informations pour des tâches distinctes.

Une méthode intéressante, proposée par Lee (Lee, 1999, p. 29), consiste à donner le choix entre quelques fonctions d'utilité prédéfinies par le développeur du gestionnaire de QoS. Ainsi, pour chaque dimension de qualité, on demande à l'usager de spécifier comment se comporte l'utilité en le laissant choisir entre les trois graphes suivants (par exemple) :

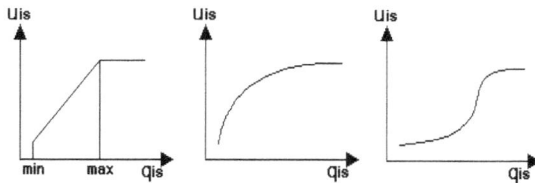

Figure 1.1 : Comportement de l'utilité

De cette façon, si l'usager choisit, par exemple, un comportement linéaire pour la dimension de qualité *nombre de bits de couleur*, la fonction d'utilité pourrait ressembler à ceci :

$$u_{i1}(x) = 20 \times x$$

Donc, le plaisir retiré par l'application serait directement proportionnel à l'augmentation de qualité pour la dimension *nombre de bits de couleur*.

Lorsque chaque dimension de qualité possède sa fonction d'utilité, on peut définir la fonction d'utilité de la tâche. Cette fonction d'utilité utilisera toutes les fonctions d'utilité des dimensions de qualité. Elle pourrait ressembler à ceci :

$$u_i(k_i) = \sum_{s=1}^{di} u_{is}(k_{i(s)}).$$

Ainsi, si nous avons les mêmes dimensions de qualité qu'à la section 1.2.2 et que (par exemple) leurs fonctions d'utilité respectives sont

$u_{i1}(x) = 20x,$

$u_{i2}(x) = 10 \left\lceil \frac{x}{2} \right\rceil$ et

$u_{i3}(x) = 3x,$

l'utilité de la tâche est

$$u_i(k_i) = 20k_{i(1)} + 10 \left\lceil \frac{k_{i(2)}}{2} \right\rceil + 3k_{i(3)}$$

On pourrait alors évaluer l'utilité de cette tâche à partir du point de qualité attribué par le système. Plus l'utilité est élevée, plus l'usager est satisfait. Voici quelques exemples.

$< 1, 1, 1 >$ (*minimum*)	$20 + 3$	23
$< 2, 3, 17 >$	$40 + 20 + 51$	111
$< 3, 1, 25 >$	$60 + 75$	135
$< 5, 5, 30 >$ (*maximum*)	$100 + 30 + 90$	220

Notons que nous aurions pu choisir une autre relation entre l'utilité de la tâche et celle de ses dimensions.

1.2.6 Utilité du système

On entend par *utilité du système* l'utilité globale, c'est-à-dire l'utilité associée à l'ensemble des tâches). Elle sert à comparer les différentes allocations offertes aux tâches par le système et à choisir la meilleure. Nous la noterons u et elle dépend des préférences de l'administrateur du système. Soit k_i le point de qualité associé à la tâche i, Chen Lee pose $u = \sum_{i=1}^{n} u_i(k_i)$. Il s'agit donc de maximiser la somme des qualités des tâches, mais on pourrait aussi prendre en considération les priorités de certaines tâches, etc.

L'utilité du système est donc dépendante de l'utilité des tâches. En voici un exemple.

Soit un système ou s'exécutent 3 tâches : T_1, T_2 et T_3.

Le système a alloué un point de qualité à chacune(respectivement k_1, k_2 et k_3).

Les utilités respectives des tâches sont :

$$u_1(k_1) = 21, \ u_2(k_2) = 43 \ et \ u_3(k_3) = 28.$$

En supposant que la fonction d'utilité du système est

$$u = \sum_{i=1}^{3} u_i(k_i) = u_1(k_1) + u_2(k_2) + u_3(k_3),$$

l'utilité du système est égale à $23 + 43 + 28 = 94$.

Chaque tâche possède une fonction d'utilité qui retourne une valeur d'autant plus grande que la qualité est meilleure. Plus la qualité générale offerte aux tâches sera élevée, plus l'utilité du système sera élevée.

1.2.7 Ressources

Par ressources, on entend les composantes du système pouvant servir à la réalisation d'une tâche. Ce sont principalement le temps CPU, la largeur de bande sur le réseau, la mémoire, les tampons du client et les tampons des liens du réseau. Nous dénotons m le nombre de ressources partagées du système et nous notons R_ℓ la $\ell^{\text{ième}}$ ressource, où $1 \leqslant \ell \leqslant m$. De plus, nous notons R_ℓ^{unite} l'unité d'allocation de la $\ell^{\text{ième}}$ ressource et R_ℓ^{max} le nombre maximal d'unités allouées. Nous notons aussi R l'ensemble de toutes les allocations possibles de ressources. Chaque élément de R est un vecteur de la forme $< r_1, ..., r_m >$, où $0 \leqslant r_\ell \leqslant R_\ell^{max}$ et $1 \leqslant \ell \leqslant m$. Voici un exemple.

Soit R_1 et R_2 les deux seules ressources du système.

Posons que $R_1^{max} = 100$ et $R_2^{max} = 125$.

L'ensemble R de toutes les allocations de ressources possibles est alors :

$$R = \{1,\ 2,\ ...,\ 100\} \times \{1,\ 2,\ ...,\ 125\}$$

1.2.8 Relation point de qualité - ressource

Lee définit la relation $\models_i \subseteq R \times Q_i$. Celle-ci stipule (Lee, 1999, p. 13) qu'un choix de ressource $r \in R$ et un point de qualité $k_i \in Q_i$ sont en relation si la tâche T_i peut atteindre le niveau de qualité k_i avec l'allocation r, mais pas avec une allocation dominée par r. Ainsi, cette relation permet de déterminer les allocations de ressources pouvant satisfaire un certain point de qualité. Il est à noter que R et Q_i sont partiellement ordonnés et que $\models_i$ doit respecter cet ordre. Ainsi, $r_1 \models_i k_{i,1} \wedge r_2 \models_i k_{i,2} \wedge r_1 > r_2 \longrightarrow k_{i,1} \not< k_{i,2}$.

La relation permet donc de déterminer pour chaque point de qualité une allocation de ressources minimale nécessaire pour que cette qualité soit atteinte. Voilà pourquoi si on a davantage de ressources on peut garantir un niveau de qualité au moins égal à celui que l'on obtient avec moins de ressources. Ainsi, si une allocation r_2 peut satisfaire un point de qualité k et que r_1 domine par r_2, alors r_1 peut nécessairement satisfaire k aussi.

1.2.9 Profil de tâche

Finalement, chacune des tâches est accompagnée d'un profil. Celui-ci regroupe les informations décrivant les attentes de l'usager et les caractéristiques de l'application (c'est-à-dire son utilisation de ressources et ses différentes dimensions de qualité). Il se divise comme suit :

- Profil de l'application : ce profil permet de conserver les informations se rapportant à l'application. Il se divise lui-même en deux parties :

14

– Profil de QoS : contient les informations techniques de l'application :
  – Les index de qualité : $Q_{is}, 1 \leqslant s \leqslant d_i$
  – L'espace de qualité : $Q_i = Q_{i1} \times ... \times Q_{id_i}$
  – L'utilité implicite de l'application : $u_i : Q_i \longrightarrow \mathbb{R}$
– Profil de ressources : ce profil contient une description de l'usage des ressources en fonction de la qualité. Il conserve donc la relation $r \models_i k_i$ vue précédemment.

– Profil de l'usager : ce profil constitue une instanciation du profil de l'application par l'usager exécutant la tâche. En effet, il conserve la qualité minimale k_i^{min} de même que la nouvelle fonction d'utilité de la tâche si l'usager a décidé de la modifier.

1.3 PRÉSENTATION DU MODÈLE

Soit un système multimédia distribué où l'on retrouve plusieurs tâches et plusieurs ressources. Chaque tâche possède sa propre demande de QoS et est en concurrence avec les autres tâches pour l'obtention des ressources du système.

Voici ce qui nous est donné :

– n tâches, notées T_i (où $1 \leqslant i \leqslant n$), et pour lesquelles on possède la qualité minimale acceptable, notée k_i^{min}, exprimée de façon qualitative ;
– m ressources, notées R_ℓ (où $1 \leqslant \ell \leqslant m$), et leurs R_l^{max} et R_l^{unite} respectifs ;
– $Q_{i1}, ..., Q_{id_i}$, les dimensions de qualités pour la tâche T_i, de même que l'utilité u_i de chacune des tâches telle que définie par l'usager.

Nous aurons besoin des définitions suivantes.

$k_{i1}, ..., k_{i|Q_i|}$: énumération de tous les points de qualité de T_i

N_{ij} : nombre de choix d'usage de ressources pour k_{ij}

$\rho_{ij1}, ..., \rho_{ijN_{ij}}$: énumération des usages de ressources pour le point de qualité k_{ij}. À noter que $\rho_{ijk\ell}$ signifie l'usage de la $\ell^{ième}$ ressource pour le $k^{ième}$ usage possible du $j^{ième}$ point de qualité de T_i

x_{ijk} : égale 1 si on alloue le point de qualité k_{ij} et l'utilisation de ressource ρ_{ijk} à la tâche T_i, 0 sinon

On connaît donc toutes les tâches T_i auxquelles on doit allouer une qualité, toutes les ressources pouvant être allouées (ce qui nous permet de déterminer R), tous les points de qualité allouables à une tâche et tous les usages de ressources permettant d'offrir un point de qualité particulier.

Ceci nous permet de formuler le problème de la façon suivante :

Maximisons $\sum_{i=1}^{n} \sum_{j=1}^{|Q_i|} \sum_{k=1}^{N_{ij}} x_{ijk} u_i(k_{ij})$

S. c. $\sum_{i=1}^{n} \sum_{j=1}^{|Q_i|} \sum_{k=1}^{N_{ij}} x_{ijk} \rho_{ijk\ell} \leqslant r_\ell^{max}, \ell = 1..m$

$\sum_{j=1}^{|Q_i|} \sum_{k=1}^{N_{ij}} x_{ijk} \leqslant 1, i = 1..n$

$x_{ijk} \in \{0,1\}, i \in \{1,2,...,n\}, j \in \{1,2,...,|Q_i|\}, k \in \{1,2,...,N_{ij}\}$

Ce qui revient à dire :

Maximise : L'utilité du système

Sachant que : On ne peut allouer plus que le maximum disponible d'une ressource.

On assigne au plus un point de qualité et une allocation de ressources par tâche.

Il est impossible d'allouer une fraction de point de qualité ou d'allocation de ressources.

Nous illustrons maintenant un exemple du modèle à l'aide des différents exemples préalablement utilisés :

- 2 tâches T_1 et T_2 (qui sont l'exécution de la même application) pour lesquelles on connaît k_1^{min} et k_2^{min}
- 2 ressources R_1 et R_2 avec $R_1^{max} = 100$ et $R_2^{max} = 125$
- Q_1 et Q_2 les espaces de qualités pour les tâches T_1 et T_2 (telles que définies en 1.2.3 : nombre de bits de couleur, taille de clé de chiffrage et nombre d'images par seconde), et u_1 et u_2 leurs fonctions d'utilité respectives (telles que définies en 1.2.5, $u_1(x) = 20x$ et $u_2(x) = 20x$)
- $k_{1,1} = <1,1,1>$, $k_{1,2} = <1,1,2>$, ..., $k_{1,725} = <5,5,30>$, les 725 points de qualité de la tâche T_1
- $k_{1,1} = <1,1,1>$, $k_{1,2} = <1,1,2>$, ..., $k_{1,725} = <5,5,30>$, les mêmes 725 points de qualité de la tâche T_2, puisque les deux tâches sont l'exécution de la même application et possèdent donc les mêmes dimensions de qualité

- Posons que $N_{ij} = 1$, pour $1 \leqslant i \leqslant 2$ et $1 \leqslant j \leqslant 725$. Ainsi, pour T_1 et T_2, il n'y a qu'une seule allocation de ressources minimale possible pouvant satisfaire un point de qualité
- De façon à simplifier l'exemple, posons que les ressources minimales nécessaires pour atteindre un point de qualité $k_i = \;< x, y, z >$ est $r = \;< 3(x + y + z), 3(x + y + z) >$. Ainsi, pour le point de qualité $k_{i,396} = \;< 2, 3, 17 >$, l'allocation de ressource minimale nécessaire est $r = \;< 66, 66 >$. Il est à noter que cela donne une fonction très simple, alors que nous aurons généralement une relation, mais cela permet de simplifier l'exemple. Donc, on crée ainsi les ρ_{ij} :

$$\rho_{1,1,1} = 1^{ère} \text{ allocation de ressources du } 1^{er} \text{ point de qualité de } T_1$$
$$= \;< 9, 9 >$$
$$\rho_{1,2,1} = 1^{ère} \text{ allocation de ressources du } 2^{ème} \text{ point de qualité de } T_1$$
$$= \;< 12, 12 >$$
$$\rho_{1,3,1} = 1^{ère} \text{ allocation de ressources du } 3^{ème} \text{ point de qualité de } T_1$$
$$= \;< 15, 15 >$$
$$...$$
$$\rho_{1,725,1} = 1^{ère} \text{ allocation de ressources du } 725^{ème} \text{ point de qualité de } T_1$$
$$= \;< 120, 120 >$$

Parce que les deux tâches viennent de la même application, on obtiendra les mêmes valeurs pour les $\rho_{2,j}$. On peut alors écrire le modèle comme ci-dessous.

Maximisons $\sum\limits_{i=1}^{2} \sum\limits_{j=1}^{725} \sum\limits_{k=1}^{1} x_{ijk} \times u_i(k_{ij})$

S. c. $\sum\limits_{i=1}^{2} \sum\limits_{j=1}^{725} \sum\limits_{k=1}^{1} x_{ijk} \times \rho_{ijkl} \leqslant r_l^{max}, l = 1..2$

$\sum\limits_{j=1}^{725} \sum\limits_{k=1}^{1} x_{ijk} \leqslant 1, i = 1..2$

$x_{ijk} \in \{0, 1\}, i = 1..2, j = 1..725, k = 1..1$

Il ne reste plus qu'à résoudre ces contraintes à l'aide de la programmation linéaire en nombres entiers pour connaître le point de qualité et l'allocation de ressources à allouer à chacune des tâches T_1 et T_2.

1.4 ÉTAPES DE CRÉATION DU MODÈLE

En résumé, pour réussir à déterminer quelle qualité et quelle allocation de ressources doivent être assignées à chacune des tâches, voici les étapes à suivre :

1. Définir les m ressources $(R_1, ..., R_m)$ du système, où $R_\ell = \{y \mid 0 \leqslant y \leqslant R_\ell^{max}\}$ et $1 \leqslant \ell \leqslant m$.

2. Déterminer les n tâches $(T_1, ..., T_n)$ à traiter, où chaque tâche peut posséder un poids (ou une priorité) w_i telle que $0 \leqslant w_i \leqslant 1$.

3. Créer un profil de tâche pour chaque tâche T_i .
   – Créer un profil d'application
     – Créer un profil de QoS (indices de qualité, espace de qualité et utilité)
     – Créer un profil de ressources : $r \models_i k_i$
   – Créer un profil d'usager : instanciation du profil d'application.
     On y retrouve : $k_i^{min} = \{k_{i,1}^{min}, ..., k_{i,d_i}^{min}\}$ (minimum)
     $$u_i(q_i) = u_i(q_i^{max}) \text{ pour tous } q > q_i^{max} \text{ (point de saturation)}$$

4. Définir tous les points de qualité, $k_{i1}, ..., k_{i|Q_i|}$, de chacune des tâches T_i.

5. Pour chaque point de qualité k_{ij} de la tâche T_i, déterminer les N_{ij} allocations de ressources minimales notées $\rho_{ij1}...\rho_{ijN_{ij}}$.

6. Résoudre le programme mathématique suivant :

Maximisons $\sum_{i=1}^{n} \sum_{j=1}^{|Q_i|} \sum_{k=1}^{N_{ij}} x_{ijk} \times u_i(k_{ij})$

S. c. $\sum_{i=1}^{n} \sum_{j=1}^{|Q_i|} \sum_{k=1}^{N_{ij}} x_{ijk} \times \rho_{ijkl} \leqslant r_l^{max}, l = 1..m$

$\sum_{j=1}^{|Q_i|} \sum_{k=1}^{N_{ij}} x_{ijk} \leqslant 1, i = 1..n$

$x_{ijk} \in \{0,1\}, i = 1..n, j = 1..|Q_i|, k = 1..N_{ij}$

Chapitre 2

EXEMPLE DE MODÉLISATION

Voici maintenant un exemple de modélisation à l'aide du modèle de (Lee, 1999) permettant de bien comprendre le fonctionnement du modèle. L'exemple illustre le transfert de la vidéo à partir d'un système distant. On suppose qu'il n'y a pas de son (imaginons un système de caméra de surveillance).

On suppose évidemment que la machine émettrice est aussi affectée à d'autres tâches qui requièrent une certaine QoS et des ressources. Puisque ce n'est qu'un exemple, nous ne modéliserons qu'une tâche.

2.1 CRÉATION DU PROFIL DE TÂCHE

Un tel profil est associé à chaque tâche T_i et la caractérise du point de vue de ses besoins en ressources et en qualité. Il se divise en deux parties : le sous-profil de tâche relié à l'application et le sous-profil de tâche relié à l'usager. Le premier contient de l'information sur l'application (dimensions de qualité, utilité implicite, relation qualité - ressource) et est conçu par le créateur de l'application, alors que le second est une instanciation du premier par l'usager.

2.1.1 Création du sous-profil de tâche relié à l'application

Le sous-profil de tâche relié à l'application n'est en fait qu'un nom donné au couple formé par le profil de QoS et le profil de ressource. Le premier permet de connaître toutes les caractéristiques (dimensions de qualité) que possède l'application de même que l'importance (l'utilité) de chacune d'entre elles. Le second permet de lier un niveau de qualité (point de qualité) à une allocation de ressources.

2.1.1.1 Création du profil de QoS

Le profil de QoS contient trois (3) éléments :

- Les index de qualité : $Q_{is}, 1 \leqslant i \leqslant d_i$
- L'espace de qualité : $Q_i = Q_{i1} \times ... \times Q_{id_i}$
- L'utilité de l'application : $u_i : Q_i \longrightarrow \mathbb{R}$

Définissons donc chacun de ces éléments pour notre tâche T_i fictive. Nous supposerons que l'application ne transfère pas de son et ne possède donc aucune dimension de qualité concernant l'audio. Ainsi, soient les dimensions de qualité suivantes :

- Nombre de bits de couleur : 4, 8, 16, 24, 32
  Index de qualité :   1, 2, 3,   4,   5
  $Q_{i1} = \{1, 2, 3, 4, 5\}$

- Images par seconde : 1, 2, ..., 25
  Index de qualité :   1, 2, ..., 25
  $Q_{i2} = \{1, 2, ..., 25\}$

- Format d'image : 320x200, 640x480, 800x600
  Index de qualité : 1,   2,   3
  $Q_{i3} = \{1, 2, 3\}$

Des dimensions venant d'être définies, nous pouvons déduire l'espace de qualité Q_i. Puisque $|Q_i|$ possède 375 (5 x 25 x 3) éléments, nous ne les énumérerons pas tous, mais voici malgré tout ce à quoi l'espace de qualité (l'ensemble de tous les points de qualité de l'application T_i) ressemble :

$$Q_i = \{< 1, 1, 1 >, < 1, 1, 2 >, < 1, 1, 3 >, < 1, 2, 1 >, ..., < 5, 25, 2 >, < 5, 25, 3 >\}.$$

Il reste finalement à définir l'utilité de l'application, ce qui signifie une façon de quantifier le plaisir tiré de l'utilisation de la tâche selon son comportement (ou niveau de qualité alloué par le système). Pour ce faire, il faudrait définir une fonction permettant d'obtenir une valeur à partir de chaque point de qualité. Afin de simplifier le choix de cette fonction, Lee propose comme solution de choisir une fonction pour chaque dimension de qualité et de poser que l'utilité de l'application est la somme de ces fonctions (Lee, 1999, p. 30). Ainsi, pour chaque point de qualité nous réussissons à obtenir une valeur qui détermine l'utilité de l'application.

Évidemment, chaque dimension de qualité ne possède pas la même importance par rapport à l'utilité de la tâche. En effet, certaines dimensions sont plus importantes et influencent davantage le comportement de l'application. Ainsi, selon la dimension, un léger changement du niveau de qualité provoquera une différence énorme aux yeux de l'usager, alors que d'autres dimensions ne feront qu'une mince différence.

Pour notre exemple, nous supposerons que le format d'image est une dimension importante qui influence directement la QoS de l'application. Puisque dans notre exemple nous supposons que l'appareil de saisie est une caméra de basse qualité, nous supposerons que le nombre de bits de couleur n'a qu'une faible importance par rapport à l'utilité. Finalement, nous supposerons que le nombre d'images par seconde est très important, mais que si l'on dépasse 20 images par seconde le gain est minime (la fonction ne sera donc pas linéaire). On pose qu'un niveau de qualité de 90% est atteint si on obtient 20 images par seconde. Définissons donc l'utilité de chacune des dimensions :

$u_{i1}(x) = 5(x-1)$ [fonction linéaire, 0 à 20]

$u_{i2}(x) = 50(1 - e^{0.115x})$ [fonction logarithmique, 5.4 à 47.17]

$u_{i3}(x) = 15(x-1)$ [fonction linéaire, 0 à 30]

On réussit alors à créer la fonction d'utilité de la tâche :

$$u_i(k_i) = \sum_{s=1}^{3} u_{is}(k_{i(s)}) = 5(k_{i(1)} - 1) + 50(1 - e^{0.115k_{i(2)}}) + 15(k_{i(3)} - 1)$$

On remarque que la première dimension de qualité ($Q_{i,1}$) n'a que peu d'importance, puisque qu'au maximum elle n'influence l'utilité que de 20 (maximum de u_{i1}) sur un total de 97.17 (somme des maximums des fonctions d'utilité). De la même manière, la seconde dimension est celle qui influence le plus la qualité de l'application. Voici deux exemples de calcul d'utilité :

- 8 bits, 12 images/sec. et 800x600 = $< 2, 12, 3 > \longrightarrow 5{+}37.42{+}30 = 72.42$
- 16 bits, 15 images/sec. et 640x480 = $< 3, 15, 2 > \longrightarrow 10 + 41.09 + 15 = 66.09$

Évidemment, le maximum sera obtenu avec $< 5, 25, 3 >$ et le minimum avec $< 1, 1, 1 >$.

2.1.1.2 Création du profil de ressource

Le profil de ressources pour une tâche T_i est une description de l'usage en ressources de l'application selon les différents niveaux de qualité. Pour le créer, il faut connaître les compromis que l'on peut réaliser entre les ressources pour réussir à atteindre un certain niveau de qualité. En effet, il peut y avoir plusieurs combinaisons de ressources permettant de fournir le même niveau de qualité. Lee note cette relation entre les ressources et le niveau de qualité $\models_i$.

Voici les principales ressources qui influencent la QoS :

- l'UCT (processeur),
- la mémoire,
- le réseau (bande),
- les tampons du client et
- les tampons des liens du réseau.

De plus, dans notre exemple, on retrouve 4 étapes principales :

- la saisie des images,
- la compression,
- le chiffrage et
- la transmission.

Chacune de ces étapes nécessite l'utilisation d'un certain nombre de ressources. La saisie ne demande que de la mémoire, alors que la compression et le chiffrage demandent de l'UCT et finalement la transmission nécessite de la bande et des tampons (du client et des liens). Il est à noter que pour des raisons de simplicité, notre exemple ne tiendra pas compte de l'utilisation des tampons.

Remarquons que sans la compression (qui est facultative), les besoins en bande seront supérieurs. De la même façon, si on comprime au maximum, l'utilisation du processeur augmentera beaucoup. Ainsi, les demandes en ressources varieront selon certaines décisions, dont le niveau de compression. Voilà ce que l'on nomme compromis (ou "tradeoffs"). Ceci a pour effet d'associer à un point de qualité quelconque plusieurs allocations de ressources minimales, d'où le fait que $\models_i$ est une relation et non pas une fonction. Donc, il se peut qu'il y ait plusieurs (disons N_{ij}) allocations de ressources possibles (on les nomme $\rho_{ij1}, ..., \rho_{ijN_{ij}}$) pour le point de qualité k_{ij}.

Le profil de ressources consiste à énumérer les utilisations de ressources en fonction de chaque point de qualité. Commençons donc à définir les allocations de ressources possibles. Pour simplifier l'exemple, nous n'utiliserons que trois ressources pour notre SMR fictif :

Ressource	Unité d'allocation ($r_\ell^{unité}$)	Maximum (r_ℓ^{max})
UCT (en μs)	1	900 000
Mémoire (en Ko)	32	4 096
Réseau (en $kbps$)	1	7 040

Tableau 2.1 : Exemple de ressources

Ceci revient à dire qu'on peut allouer 90% du temps UCT (on laisse un certain temps pour la gestion des tâches), 128 MO de mémoire vive et jusqu'à 55 Mbps de bande.

Alors on définit $R = R_1 \times R_2 \times R_3$. R contient donc toutes les allocations possibles de ressources. Par exemple, si on alloue $2000\mu s/s$ de temps processeur, 1Mo de mémoire et 50 kbps de bande, le vecteur d'allocation de ressources sera $< 2000, 32, 50 >$.

Supposons maintenant que, d'une façon quelconque, on soit en mesure de déterminer la demande en ressources selon la qualité demandée pour un SMR (nous verrons dans un chapitre ultérieur comment ce peut être possible). On peut alors construire la relation $r \models_i k_i$.

Construisons la relation à l'aide d'informations fictives. Posons les faits suivants :

- Une image est composée de 64 000 (320x200), 307 200 (640x480) ou 480 000 (800x600) pixels.
- Chaque pixel occupe un espace de 4, 8, 16, 24 ou 32 bits.
- La taille de l'en-tête d'une image est négligeable.
- On peut compresser les images à 30% de leur taille initiale en utilisant $1\mu s$ de plus de processeur par seconde pour chaque tranche de 50Ko.

Ceci nous permet de calculer la relation. En effet, on peut calculer chaque allocation de ressources en fonction du point de qualité. Par exemple, pour le point de qualité $< 4, 15, 2 >$, chaque pixel prendra 24 bits (3 octets), on demande 15 images par seconde et chacune d'elles contiendra 307 200 pixels. Alors, chaque image occupera 3 * 307 200 octets = 921 600 octets = 900 Ko. Puisque l'on demande 15 images par secondes, on devra transférer 15 * 900 Ko/s = 13 500 Ko/s ≈ 13,18 Mo/s. Or on peut comprimer le tout à 30% de la taille initiale (4050 Ko ≈ 3,96 Mo) en utilisant $(4050 \div 50)$ $\mu s/s$ de plus, soit $81\mu s/s$. Ainsi, les deux allocations de ressources possibles seront $< 0, 422, 13500 >$ (calculée de la façon suivante $< 0, \lceil 13500/32 \rceil, 13500 >$) et $< 270, 127, 4050 >$ (calculée de la façon suivante $< \lceil 13500/50 \rceil, \lceil 13500 * 0.3/32 \rceil, \lceil 13500 * 0.3 \rceil >$).

On peut donc déduire toute la relation qui d'ailleurs ressemble à ceci :

$k_{1,1} =< 1, 1, 1 > \to \rho_{1,1,1} =< 0, 1, 32 >, \rho_{1,1,2} =< 1, 1, 10 >,$

$k_{1,2} =< 1, 1, 2 > \to \rho_{1,2,1} =< 0, 5, 150 >, \rho_{1,2,2} =< 3, 5, 45 >,$

$k_{1,3} =< 1, 1, 3 > \to \rho_{1,3,1} =< 0, 8, 235 >, \rho_{1,3,2} =< 5, 8, 71 >,$

$k_{1,4} =< 1, 2, 1 > \to \rho_{1,4,1} =< 0, 2, 64 >, \rho_{1,4,2} =< 2, 2, 20 >,$

$k_{1,5} =< 1, 2, 2 > \to \rho_{1,5,1} =< 0, 10, 300 >, \rho_{1,5,2} =< 6, 10, 90 >,$

...

$k_{1,181} =< 3, 10, 1 > \to \rho_{1,181,1} =< 0, 40, 1250 >, \rho_{1,181,2} =< 25, 40, 375 >,$

$k_{1,182} =< 3, 10, 2 > \to \rho_{1,182,1} =< 0, 188, 6000 >, \rho_{1,182,2} =< 120, 188, 1800 >,$

$k_{1,183} =< 3, 10, 3 > \to \rho_{1,183,1} =< 0, 293, 9375 >, \rho_{1,183,2} =< 188, 293, 2813 >,$

...

$k_{1,373} =< 5, 25, 1 > \to \rho_{1,373,1} =< 0, 196, 6250 >, \rho_{1,373,2} =< 125, 196, 1875 >,$

$$k_{1,374} = \; < 5, 25, 2 > \rightarrow \rho_{1,374,1} = \; < 0, 938, 30000 >, \rho_{1,374,2} = \; < 600, 938, 9000 >,$$

$$k_{1,375} = \; < 5, 25, 3 > \rightarrow \rho_{1,375,1} = \; < 0, 1465, 46875 >, \rho_{1,375,2} = \; < 938, 1465, 14063 >$$

On voit donc que, par exemple, pour obtenir un niveau de qualité équivalent à

< 16 bits de couleur, 10 images par secondes, $320\text{x}200 > = \; < 3, 10, 1 >$

on peut utiliser l'allocation

< 0 ms d'UCT, 40 x 32ko de mémoire, 1250 kbps de réseau $> = \; < 0, 40, 1250 >$

ou l'allocation < 25 ms d'UCT, 40 x 32ko de mémoire, 375 kbps de réseau $>$

$= \; < 25, 40, 375 >$.

Évidemment, pour certains systèmes, il se peut que certains points de qualité ne soient pas disponibles. On voit en effet que pour obtenir la qualité maximale dans l'exemple précédent, il faudrait pouvoir allouer à l'application 938 μs de temps UCT, 1465 blocs de 32ko et 14063 kbps de débit sur le réseau. Or, il est impossible d'allouer plus de 7040 kbps sur la bande, ce qui fait qu'on ne pourra pas allouer le point de qualité $< 5, 25, 3 >$, même si la tâche demandant cette qualité est la seule dans le système.

2.1.2 Création du profil de l'usager

On termine le profil de l'usager en instanciant le profil d'application. Cette étape se fait en laissant l'usager spécifier :

- la qualité minimale pour que la tâche T_i vaille la peine d'être exécutée ; on note ce niveau de qualité $k_i^{min} = \; < k_{i,1}^{min}, ..., k_{i,d_i}^{min} >$;
- la qualité maximale qu'il est inutile de dépasser ; passé ce seuil, la qualité additionnelle est inutile ou encore non décelable ; cette option n'est cependant pas utilisée dans le modèle ; il suffirait d'ajuster la fonction d'utilité de la tâche de façon à ce que l'utilité d'une dimension n'augmente plus lorsque sa valeur est supérieure ou égale à la valeur pour la même dimension dans le point de qualité maximal.
- la fonction d'utilité de chaque dimension.

Dans notre exemple, nous supposerons que l'usager accorde beaucoup d'importance à la fluidité des images, mais peu à la qualité. Nous obtenons alors quelque chose ressemblant à ceci : $k_i^{min} = \; < 2, 10, 1 >$. De plus, nous supposerons que l'usager ne désire pas modifier la fonction d'utilité de la tâche (définie dans le profil de l'application).

2.2 GÉNÉRATION DES CONTRAINTES

Lorsque ces étapes sont réalisées pour chacune des tâches, on peut enfin générer les contraintes à l'aide du modèle défini par Lee que l'on retrouve dans cet ouvrage à la section 1.3. Il est à noter que puisque nous n'avons décrit qu'une seule tâche, nous posons que $n = 1$. Voici malgré tout ce à quoi ressemble le modèle :

Maximisons $x_{1,1,1} \times u_1(k_{1,1}) + x_{1,1,2} \times u_1(k_{1,1}) + ... + x_{1,375,2} \times u_1(k_{1,375})$

Sous contraintes $x_{1,1,1} \times \rho_{1,1,1,1} + x_{1,1,2} \times \rho_{1,1,2,1} + ... + x_{1,375,2} \times \rho_{1,375,2,1} \leqslant r_1^{max}$

$$x_{1,1,1} \times \rho_{1,1,1,2} + x_{1,1,2} \times \rho_{1,1,2,2} + ... + x_{1,375,2} \times \rho_{1,375,2,2} \leqslant r_2^{max}$$

$$x_{1,1,1} \times \rho_{1,1,1,3} + x_{1,1,2} \times \rho_{1,1,2,3} + ... + x_{1,375,2} \times \rho_{1,375,2,3} \leqslant r_3^{max}$$

$$x_{1,1,1} + x_{1,1,2} + x_{1,2,1} + ... + x_{1,375,2} \leqslant 1$$

$$x_{ijk} \in \{0, 1\}, \text{ pour tout i, tout j et tout k}$$

Il est à noter que plusieurs hypothèses ont été utilisées pour réussir à créer le modèle. Principalement, nous avons supposé que nous pouvions déterminer la demande en ressources selon la qualité demandée pour un SMR. D'autre part, nous avons supposé que l'usager saisissait la QoS à l'aide de paramètres systèmes, ce qui n'est pas très convivial. Le chapitre suivant identifiera ces problèmes dans le but de les résoudre par la suite.

Chapitre 3

CRITIQUES DU MODÈLE

Les critiques du modèle de Lee ne s'appliquent pas directement au modèle, mais souvent à ce qui doit être réalisé préalablement à sa construction. En effet, pour pouvoir créer les contraintes, plusieurs étapes doivent être réalisées et certaines sont floues ou même absentes de la thèse de Lee. Voici, de façon simplifiée, ce qui doit être réalisé avant la construction du modèle :

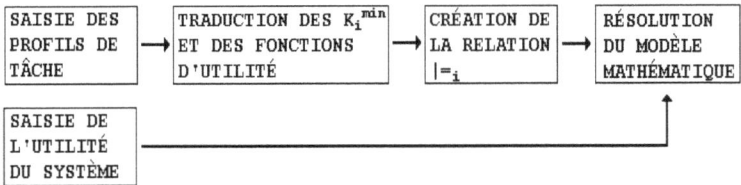

Figure 3.1 : Étapes préliminaires à la résolution du problème

3.1 TRADUCTION DU QUALITATIF EN QUANTITA-TIF

3.1.1 Traduction des points de qualité

La saisie des dimensions de qualité auprès de l'usager est bien décrite par Lee. Or les points de qualité obtenus font référence à des dimensions de qualité qualitatives et ne représentent pas nécessairement quelque chose de concret pour le système. Il faut donc s'assurer de transformer les dimensions exprimées par l'usager en paramètres du système, ce qui n'est nullement traité dans la thèse de Lee.

La QoS saisie auprès de l'usager doit être vulgarisée (Vogel et al., 1995). Elle sera probablement exprimée à l'aide de caractéristiques très générales comme la qualité de l'image, la vitesse de transmission et la qualité du son. Or, les paramètres du système sont, pour leur part, très précis. Ils sont exprimés en temps UCT, bit par secondes, etc. Il faut donc pouvoir transformer les caractéristiques saisies de façon à pouvoir passer d'un niveau supérieur (usager) à un niveau inférieur (paramètres du système).

Ainsi, on possède les dimensions de qualité ayant permis à l'usager de spécifier la qualité qu'il désire obtenir. On connaît aussi les paramètres du système. Il ne reste qu'à déterminer comment passer des unes aux autres.

On voudrait que le passage du qualitatif au quantitatif puisse se faire dans les deux sens : du qualitatif au quantitatif pour exprimer au système ce que veut l'usager, et du quantitatif au qualitatif pour exprimer à l'usager ce que le système lui a alloué (Nahrstedt et Steinmetz, 1995). Or, on se heurte au fait qu'une dimension de qualité supérieure peut influencer plusieurs dimensions de qualité inférieures et vice-versa, comme dans la relation suivante :

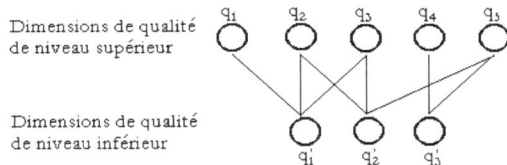

Figure 3.2 : Exemple de relation entre les dimensions de qualité de niveau supérieur et celles de niveau inférieur

Dans l'exemple de la figure 3.2, on voit les différentes influences qu'ont les dimensions de qualité de niveau supérieur sur les dimensions de qualité de niveau inférieur :

$Niveau\ supérieur$	$Niveau\ inférieur$
q_1	q'_1
q_2	q'_1, q'_2
q_3	q'_1, q'_2
q_4	q'_3
q_5	q'_2, q'_3

Tableau 3.1 : Exemple de relation entre les dimensions de qualité de niveau supérieur et celles de niveau inférieur

Il faut donc réussir à calculer un point de qualité de niveau inférieur à partir d'un point de qualité de niveau supérieur et pouvoir faire l'opération inverse. Ce problème n'est jamais abordé par Lee puisqu'elle suppose que les attentes d'un usager sont exprimées en termes des paramètres du système.

3.1.2 Traduction des fonctions d'utilité

L'usager doit déterminer le poids (l'influence) de chacune des dimensions de qualité de sa tâche (notée p_{is}) et le comportement (du point de vue de l'utilité) de cette dimension (noté u_{is}). On suppose qu'il s'agit d'une fonction d'utilité linéaire. Ensuite, il devient aisé de créer la fonction d'utilité de la tâche avec l'équation suivante :

$$u_i(k) = \frac{\sum\limits_{s=1}^{d_i} p_{is} u_{is}(k_{i(s)})}{\sum\limits_{s=1}^{d_i} p_{is}}.$$

On remarque que la fonction accepte des points de qualité de niveau supérieur. Or cette fonction sera utilisée dans le modèle mathématique et doit donc être transformée de façon à donner l'utilité d'un point de qualité de niveau inférieur. Ainsi, tout comme les points de qualité, les fonctions d'utilité des dimensions de qualité doivent subir une transformation avant qu'il ne soit possible de créer la fonction d'utilité finale de la tâche.

3.2 LIAISON RESSOURCE - POINT DE QUALITÉ

Le principal problème rencontré dans le modèle est l'absence d'explication quant à la façon de créer la relation $\models_i$ entre les ressources du système et les points de qualité. En effet, Lee suppose que cette relation est connue, or celle-ci semble très complexe et difficile à calculer. C'est cette dernière qui permet de déterminer si un point de qualité $k_i \in Q_i$ peut être satisfait par une allocation donnée de ressources $r \in R$. Alors que pour un certain système il peut exister une ou même plusieurs allocations de ressources permettant de réaliser un certain point de qualité, d'autres systèmes ne posséderont qu'une seule, voire aucune, allocation de ressources le permettant. Par exemple, le SMR fictif défini à la section 2.1.1.2 possède 128 MO de mémoire et 55 Mbps de bande. Ces ressources lui permettent de réaliser le point de qualité $k_{1,373}$. Cependant, si le SMR n'avait possédé que 25 Mbps de bande, il n'aurait pas pu fournir cette qualité.

Ainsi, avant de pouvoir résoudre ou même créer le modèle, il faut tout d'abord déterminer la demande en ressources pouvant être encourue par l'allocation d'un certain point de qualité. Cette connaissance est obligatoire puisque la première sommation du modèle (sect. 1.3), c'est-à-dire

$$\sum_{i=1}^{n}\sum_{j=1}^{|Q_i|}\sum_{k=1}^{N_{ij}} x_{ijk} \times \rho_{ijk\ell} \leqslant r_\ell^{max}, \ell = 1..m,$$

se sert de cette relation (exprimée par les ρ_{ijkl}). De plus, lorsque le modèle sera résolu, le SMR connaîtra exactement la quantité de ressources à allouer à chaque tâche et n'aura plus qu'à réserver ces quantités.

Il est à noter que la relation dépend de trois facteurs : le système (en raison des ressources qui peuvent varier en puissance et rapidité), le type de données à transférer (compressibles ou non) et finalement les algorithmes d'ordonnancement du système d'exploitation. Ainsi, si on exécute la même application sur un système différent, la relation ne sera pas la même.

3.3 CHOIX DE L'UTILITÉ DU SYSTÈME

Certains administrateurs de systèmes viseront à avoir un maximum d'usagers et permettront la dégradation de la qualité offerte (comme dans le cas du commerce électronique où plus le nombre d'usagers est grand, plus les chances de vente sont élevées), alors que d'autres voudront limiter le nombres d'usagers et offrir toujours une qualité optimale (comme dans le cas d'une vidéoconférence où une dégradation de la qualité pourrait être fatale). Malheureusement, le modèle de Lee ne permet pas de choisir ces options. Nous trouvons que cela constitue une faiblesse et que l'administrateur du système devrait être en mesure de modifier le comportement de son système un peu comme l'usager peut modifier le comportement de son application.

3.4 NORMALISATION DE L'UTILITÉ

Tel que mentionné précédemment, la résolution du modèle permet d'obtenir une utilité maximale du système. De plus, cette utilité est la somme des utilités des tâches. Finalement, l'utilité d'une tâche est définie comme la somme des utilités de toutes les dimensions de qualité de la tâche. Or, si l'utilité des dimensions de qualité n'est pas normalisée, il se peut fortement que l'utilité maximale d'une tâche diffère grandement de l'utilité maximale d'une autre tâche.

Par exemple, imaginons deux tâches (T_1 et T_2) et leurs points de qualité optimaux respectifs (k_1 et k_2). Si $u_1(k_1) = 100$ et $u_2(k_2) = 10$ et que le modèle utilise la notion de priorité, le modèle ne signifie plus rien. En effet, la maximisation est biaisée puisque soudainement la tâche T_1 devient dix (10) fois plus importante. Ainsi, on doit s'assurer que l'utilité de chaque tâche, bien que ne dépendant que de la tâche elle-même, soit bornée par des valeurs constantes (par exemple, elle pourrait toujours appartenir à l'intervalle $[0, 1]$).

Chapitre 4

CORRECTIONS ET AJOUTS AU MODÈLE

Suite à l'identification des différentes faiblesses (ou lacunes) du modèle de Lee, nous proposons plusieurs solutions pour permettre de transformer le modèle et le rendre fonctionnel. La première modification consiste à traduire les points de qualité pour passer du niveau supérieur au niveau inférieur. Elle implique aussi la traduction des fonctions d'utilité pour que celles-ci soient en mesure de calculer l'utilité d'un point de qualité de niveau inférieur. La seconde modification vise à créer un lien entre les ressources et les points de qualité. La troisième a pour objectif de laisser l'utilité du système au choix de l'administrateur. Finalement, la quatrième modification permet de normaliser l'utilité de toutes les fonctions d'utilité.

4.1 TRADUCTION DU QUALITATIF EN QUANTITATIF

De façon à pouvoir générer des contraintes et allouer un point de qualité, il faut tout d'abord transformer les dimensions de qualité offertes à l'usager (au niveau supérieur) en dimensions de qualité (ou paramètres) compréhensibles pour le système (au niveau inférieur).

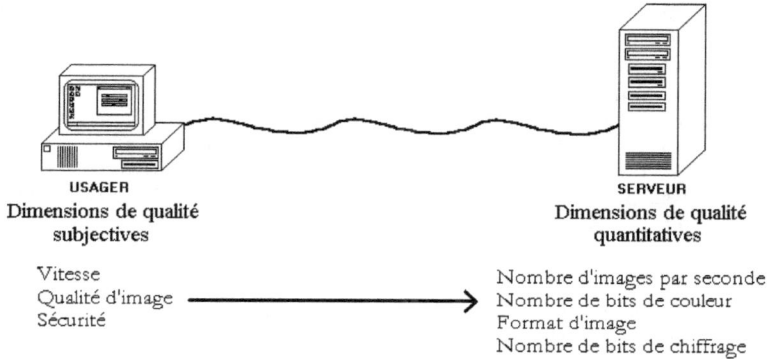

USAGER — SERVEUR

Dimensions de qualité subjectives — Dimensions de qualité quantitatives

Vitesse
Qualité d'image
Sécurité

Nombre d'images par seconde
Nombre de bits de couleur
Format d'image
Nombre de bits de chiffrage

Figure 4.1 : Illustration de la traduction à effectuer

4.1.1 Traduction des points de qualité

Il est à remarquer que cette étape peut être répétée. En effet, il se peut qu'il y ait en fait plusieurs traductions à réaliser pour passer de l'usager au serveur. Pour le présent travail, nous supposerons qu'il n'y en a qu'une seule, mais il serait très simple d'étendre la solution proposée au cas de traductions multiples.

La résolution de ce problème de traduction nécessite la connaissance de tous les index de qualité pouvant être saisis par l'usager et de tous les index de qualité compréhensibles par le système (ou encore les index de qualité des deux couches mitoyennes dans le cas de traductions multiples). Le problème se complique un peu du fait que la taille des index de niveau supérieur n'est pas nécessairement la même que celle des index de niveau inférieur. Il est donc impossible de créer une bijection entre les valeurs des index de niveaux différents.

Commençons par exposer une méthode permettant de transformer les exigences qualitatives de l'usager en paramètres du système. Voici les caractéristiques jugées essentielles pour la traduction d'une valeur provenant d'une dimension de qualité de niveau supérieur Q_{is} en une valeur appartenant à une dimension de qualité de niveau inférieur Q'_{is}.

34

– Elle doit conserver l'ordre des valeurs dans les dimensions. Ainsi, si une valeur v_1 de la dimension Q_{is} se traduit en une valeur v'_1 de la dimension Q'_{is}, une valeur $v_2 > v_1$ se traduira par une valeur $v'_2 \geqslant v'_1$. De même $v'_2 \leqslant v'_1$ si $v_2 < v_1$.

– Si une valeur d'une dimension de qualité Q_{is} doit être traduite en une valeur d'une dimension de qualité Q'_{is} et que la cardinalité de Q_{is} est beaucoup plus petite que la cardinalité de Q'_{is}, on tentera d'obtenir une valeur qui n'est pas aux extrêmes de Q'_{is}. Par exemple, si $Q_{is} = \{1, 2\}$ et que $Q'_{is} = \{1, 2, 3, 4, 5, 6\}$, plutôt que de traduire "1" par "1" et "2" par "6", nous tenterons d'éviter les extrêmes en traduisant "1" par "2" et "2" par "5".

– Si les dimensions de qualité ont la même cardinalité, la valeur obtenue ne doit pas changer.

Une façon simple de résoudre ce problème, sachant que les index de qualité sont tous ordonnés, est d'approximer la qualité équivalente dans l'index de la couche inférieure en utilisant la méthode suivante. Soit une valeur v, $1 \leqslant v \leqslant |Q_{is}|$, d'un index de qualité Q_{is} devant être traduite en une valeur d'un index de qualité d'une couche inférieure notée Q'_{is}. Alors, il suffit de poser que la valeur de l'index de Q'_{is} est égale à

$$f(v, |Q_{is}|, |Q'_{is}|) = 1 + \left\lfloor (v-1)\frac{|Q'_{is}|}{|Q_{is}|} \right\rfloor + \left\lfloor \frac{|Q'_{is}|}{2|Q_{is}|} \right\rfloor .$$

Cette fonction a été choisie pour les raisons suivantes :

1. Le 1 permet de se placer au début de la dimension de qualité de destination.

2. Le $\left\lfloor (v-1) \times \frac{|Q'_{is}|}{|Q_{is}|} \right\rfloor$ permet de diviser la dimension de qualité en autant de sections que le nombre d'élements de la dimension de qualité source et de se placer au début de la section correspondant à v.

3. Le $\left\lfloor \frac{|Q'_{is}|}{2|Q_{is}|} \right\rfloor$ permet de se positionner au milieu de la section choisie plutôt qu'au début.

Prouvons que $f(v, |Q_{is}|, |Q'_{is}|)$ est la fonction identité lorsque $|Q_{is}| = |Q'_{is}|$. En effet, si les dimensions de qualités sont de même taille, on a

$$
\begin{aligned}
f(v, |Q_{is}|, |Q'_{is}|) &= 1 + \left\lfloor (v-1)\frac{|Q'_{is}|}{|Q_{is}|} \right\rfloor + \left\lfloor \frac{|Q'_{is}|}{2|Q_{is}|} \right\rfloor \\
&= 1 + \lfloor (v-1) \rfloor + \left\lfloor \tfrac{1}{2} \right\rfloor \\
&= 1 + \lfloor (v-1) \rfloor \\
&= v.
\end{aligned}
$$

On constate que pour une traduction entre des dimensions de même taille, $f(v, |Q_{is}|, |Q'_{is}|) = v$, ce qui était le résultat attendu.

Prouvons maintenant que $1 \leqslant f(v, |Q_{is}|, |Q'_{is}|) \leqslant |Q'_{is}|$. La première inégalité est triviale. Il suffit donc de montrer que $f(v, |Q_{is}|, |Q'_{is}|) \leqslant |Q'_{is}|$

Soit la valeur

$$f(|Q_{is}|, |Q_{is}|, |Q'_{is}|) = 1 + \left\lfloor (|Q_{is}| - 1)\frac{|Q'_{is}|}{|Q_{is}|} \right\rfloor + \left\lfloor \frac{|Q'_{is}|}{2|Q_{is}|} \right\rfloor$$

Il faut traiter les deux cas suivants :

1. $\frac{|Q'_{is}|}{|Q_{is}|} \geqslant 2$

$$\begin{aligned} f(|Q_{is}|, |Q_{is}|, |Q'_{is}|) &= 1 + \left\lfloor (|Q_{is}| - 1)\frac{|Q'_{is}|}{|Q_{is}|} \right\rfloor + \left\lfloor \frac{|Q'_{is}|}{2 \times |Q_{is}|} \right\rfloor \\ &= 1 + \lfloor (|Q'_{is}| - \delta) \rfloor + \lfloor \tfrac{\delta}{2} \rfloor, \text{ où } (\delta = \tfrac{|Q'_{is}|}{|Q_{is}|}) \\ &\leqslant |Q'_{is}| \end{aligned}$$

2. $\frac{|Q'_{is}|}{|Q_{is}|} < 2$

$$\begin{aligned} f(|Q_{is}|, |Q_{is}|, |Q'_{is}|) &= 1 + \left\lfloor (|Q_{is}| - 1)\frac{|Q'_{is}|}{|Q_{is}|} \right\rfloor + \left\lfloor \frac{|Q'_{is}|}{2 \times |Q_{is}|} \right\rfloor \\ &= 1 + \lfloor (|Q'_{is}| - \delta) \rfloor + \lfloor \tfrac{\delta}{2} \rfloor, \ 0 < \delta < 2 \wedge \delta \in \mathbb{R} \ (\delta = \tfrac{|Q'_{is}|}{|Q_{is}|}) \\ &= 1 + \lfloor |Q'_{is}| - \delta \rfloor \\ &\leqslant 1 + |Q'_{is}| - 1 = |Q'_{is}| \end{aligned}$$

On voit bel et bien que la valeur résultante ne peut pas excéder $|Q'_{is}|$. De plus, les valeurs sont bien distribuées parce que f est linéaire. Voici cependant quelques exemples illustrant le comportement de la fonction

1. $Q_{i1} = \{1, 2, 3, 4\}, Q'_{i1} = \{1, 2, 3, 4, 5, 6\}$
Si $v = 2$, alors $f(2) = 1 + \lfloor (2-1) \times \tfrac{6}{4} \rfloor + \lfloor \tfrac{6}{2 \times 4} \rfloor = 1 + 1 + 0 = 2$
Voici la définition de f en extension
$f(1) = 1$
$f(2) = 2$
$f(3) = 4$
$f(4) = 5$

2. $Q_{i1} = \{1, 2, 3\}, Q'_{i1} = \{1, 2, 3, 4, 5, 6, 7, 8\}$
Si $v = 2$, alors $f(2) = 1 + \lfloor (2-1) \times \tfrac{8}{3} \rfloor + \lfloor \tfrac{8}{2 \times 3} \rfloor = 1 + 2 + 1 = 4$
Voici la définition de f en extension
$f(1) = 2$
$f(2) = 4$
$f(3) = 7$

3. $Q_{i1} = \{1, 2, 3, 4, 5, 6, 7\}, Q'_{i1} = \{1, 2, 3\}$
Si $v = 2$, alors $f(2) = 1 + \lfloor (2 - 1) \times \frac{3}{7} \rfloor + \lfloor \frac{3}{2 \times 7} \rfloor = 1 + 0 + 0 = 1$
Voici la définition de f en extension
$f(1) = 1$
$f(2) = 1$
$f(3) = 1$
$f(4) = 2$
$f(5) = 2$
$f(6) = 3$
$f(7) = 3$

La fonction semble donner des distributions assez intéressantes et généralement bien équilibrées.

Jusqu'à maintenant cela nous donne une fonction f permettant de passer d'une dimension de qualité à une autre. Il reste à voir comment exprimer le résultat obtenu lorsque plusieurs dimensions de qualité supérieure ont une influence sur la même dimension de qualité inférieure. Par exemple, si le créateur de l'application décide que la relation est la même que celle présentée dans la figure 3.2, on pourrait observer un cas ressemblant à ceci :

$Niveau\ inférieur$	$Niveau\ supérieur$
Q'_{i1}	$0.3 \times Q_{i1} + 0.4 \times Q_{i2} + 0.3 \times Q_{i3}$
Q'_{i2}	$0.5 \times Q_{i2} + 0.1 \times Q_{i3} + 0.4 \times Q_{i5}$
Q'_{i3}	$0.5 \times Q_{i4} + 0.5 \times Q_{i5}$

Tableau 4.1 : Exemple de relation entre dimensions de niveaux différents et de poids différents

Il est à noter que l'on peut aussi supposer que chaque dimension a le même poids. Nous illustrons la relation ci-dessus (tabl 4.1) à l'aide d'une équation matricielle.

$$
\begin{array}{cc}
Q'_i & X \qquad\qquad\qquad\qquad\qquad Q_i \\
\begin{bmatrix} Q'_{i1} \\ Q'_{i2} \\ Q'_{i3} \end{bmatrix} = \begin{bmatrix} 0.3 & 0.4 & 0.3 & 0 & 0 \\ 0 & 0.5 & 0.1 & 0 & 0.4 \\ 0 & 0 & 0 & 0.5 & 0.5 \end{bmatrix} \begin{bmatrix} Q_{i1} \\ Q_{i2} \\ Q_{i3} \\ Q_{i4} \\ Q_{i5} \end{bmatrix}
\end{array}
$$

Tableau 4.2 : Exemple de relation entre dimensions de niveaux différents et de poids semblables

Une façon de résoudre ce cas est d'utiliser une moyenne pondérée. En effet, voici comment faire pour traduire un point de qualité de niveau supérieur k en un point de qualité de niveau inférieur k' :

$$k' = \; < \left\lfloor 0.3f(k_{i(1)}, |Q_{i1}|, |Q'_{i1}|) + 0.4f(k_{i(2)}, |Q_{i2}|, |Q'_{i1}|) + 0.3f(k_{i(3)}, |Q_{i3}|, |Q'_{i1}|) \right\rfloor ,$$

$$\left\lfloor 0.5f(k_{i(2)}, |Q_{i2}|, |Q'_{i2}|) + 0.1f(k_{i(3)}, |Q_{i3}|, |Q'_{i2}|) + 0.4f(k_{i(5)}, |Q_{i5}|, |Q'_{i2}|) \right\rfloor ,$$

$$\left\lfloor 0.5f(k_{i(4)}, |Q_{i4}|, |Q'_{i3}|) + 0.5f(k_{i(5)}, |Q_{i5}|, |Q'_{i3}|) \right\rfloor \; >$$

$$= \; < \sum_{y=1}^{|d_i|} X_{1,y} f(k_{i(y)}, |Q_{iy}|, |Q'_{i1}|), \sum_{y=1}^{|Q_i|} X_{2,y} f(k_{i(y)}, |Q_{iy}|, |Q'_{i2}|),$$
$$\sum_{y=1}^{|d_i|} X_{3,y} f(k_{i(y)}, |Q_{iy}|, |Q'_{i3}|) \; >$$

Il est à noter que cela ne permet absolument pas de revenir au niveau qualitatif. Ainsi, on voit que l'on peut exprimer au système les demandes de l'usager, mais on semble incapable (parce que la fonction n'est pas bijective) d'exprimer à l'usager de façon exacte la qualité attribuée.

4.1.2 Exemple de traduction

L'exemple qui suit permettra d'illustrer la traduction d'un point de qualité de niveau supérieur en un niveau inférieur. On y retrouvera d'abord la description des dimensions des deux niveaux, les relations entre les dimensions des deux niveaux et le calcul effectué pour trouver le nouveau point de qualité.

Soit les cinq (5) dimensions de qualité de niveau supérieur suivantes :

$Q_{i1} = \{1, 2, 3, 4, 5\}$,

$Q_{i2} = \{1, 2, 3\}$,

$Q_{i3} = \{1, 2, 3, 4\}$,

$Q_{i4} = \{1, 2, 3, 4, 5, 6, 7, 8\}$ et

$Q_{i5} = \{1, 2\}$.

Soient les trois (3) dimensions de qualité de niveau inférieur suivantes :

$Q'_{i1} = \{1, 2, 3, 4, 5, 6\}$,

$Q'_{i2} = \{1, 2, 3\}$ et

$Q'_{i3} = \{1, 2, 3, 4\}$.

Soit la relation suivante entre les dimensions :

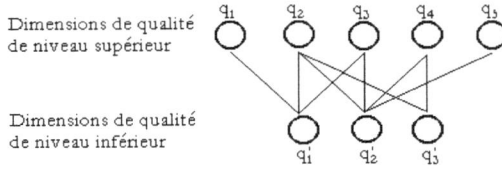

Figure 4.2 : Illustration de la relation entre les dimensions de qualité de niveau supérieur et celles de niveau inférieur

Cette relation provient du concepteur de l'application. En effet, il doit créer la relation en fonction des dimensions de qualité de niveau supérieur qu'il décide d'utiliser. Par exemple, si l'application consiste en un transfert de vidéo (comme dans l'exemple présenté au début du chapitre 3) et que les dimensions de qualité sont la qualité de l'image, celle du son et la fluidité de l'image, on peut supposer que la fluidité et la qualité de l'image seront les dimensions influençant le plus le nombre de bits par seconde à transmettre, alors que la qualité du son sera secondaire. Nous croyons donc que le choix doit être effectué par le concepteur de l'application, bien qu'il soit probablement possible de générer cette relation automatiquement à partir d'une expérimentation.

Ainsi, supposons que le constructeur de l'application a choisi d'allouer le même poids à chacun des liens entre les dimensions. On obtient alors le tableau suivant :

Niveau inférieur	Niveau supérieur
Q'_{i1}	$\frac{1}{3} \times Q_{i1} + \frac{1}{3} \times Q_{i2} + \frac{1}{3} \times Q_{i3}$
Q'_{i2}	$\frac{1}{4} \times Q_{i2} + \frac{1}{4} \times Q_{i3} + \frac{1}{4} \times Q_{i4} + \frac{1}{4} \times Q_{i5}$
Q'_{i3}	$\frac{1}{2} \times Q_{i2} + \frac{1}{2} \times Q_{i4}$

Tableau 4.3 : Illustration de la relation entre les dimensions de niveau supérieur et celles de niveau inférieur

Il faut maintenant connaître le point de qualité devant être traduit d'un niveau supérieur à un niveau inférieur. Posons que ce point est le point $< 3, 1, 4, 6, 2 >$ et appliquons-lui la formule donnée ci-dessus.

$$
\begin{aligned}
k'_{i(1)} &= \lfloor \tfrac{1}{3} f(k_{i(1)}, |Q_{i1}|, |Q'_{i1}|) + \tfrac{1}{3} f(k_{i(2)}, |Q_{i2}|, |Q'_{i1}|) + \tfrac{1}{3} f(k_{i(3)}, |Q_{i3}|, |Q'_{i1}|) \rfloor \\
&= \lfloor \tfrac{1}{3}(1 + \lfloor (3-1) \times \tfrac{6}{5} \rfloor + \lfloor \tfrac{6}{2 \times 5} \rfloor) + \tfrac{1}{3} f(k_{i(2)}, |Q_{i2}|, |Q'_{i1}|) + \tfrac{1}{3} f(k_{i(3)}, |Q_{i3}|, |Q'_{i1}|) \rfloor \\
&= \lfloor 1 + \tfrac{1}{3}(1 + \lfloor (1-1) \times \tfrac{6}{3} \rfloor + \lfloor \tfrac{6}{2 \times 3} \rfloor) + \tfrac{1}{3} f(k_{i(3)}, |Q_{i3}|, |Q'_{i1}|) \rfloor \\
&= \lfloor 1 + \tfrac{2}{3} + \tfrac{1}{3}(1 + \lfloor (4-1) \times \tfrac{6}{4} \rfloor + \lfloor \tfrac{6}{2 \times 4} \rfloor) \rfloor \\
&= \lfloor 1 + \tfrac{2}{3} + \tfrac{5}{3} \rfloor = 3 \\
k'_{i(2)} &= \lfloor \tfrac{1}{4} f(k_{i(2)}, |Q_{i2}|, |Q'_{i2}|) + \tfrac{1}{4} f(k_{i(3)}, |Q_{i3}|, |Q'_{i2}| + \\
&\quad \tfrac{1}{4} f(k_{i(4)}, |Q_{i4}|, |Q'_{i2}|) + \tfrac{1}{4} f(k_{i(5)}, |Q_{i5}|, |Q'_{i2}|) \rfloor \\
&= \lfloor \tfrac{1}{4}(1 + \lfloor (1-1) \times \tfrac{3}{3} \rfloor + \lfloor \tfrac{3}{2 \times 3} \rfloor) + \\
&\quad \tfrac{1}{4} f(k_{i(3)}, |Q_{i3}|, |Q'_{i2}|) + \tfrac{1}{4} f(k_{i(4)}, |Q_{i4}|, |Q'_{i2}|) + \tfrac{1}{4} f(k_{i(5)}, |Q_{i5}|, |Q'_{i2}|) \rfloor \\
&= \lfloor \tfrac{1}{4} + \tfrac{1}{4}(1 + \lfloor (4-1) \times \tfrac{3}{4} \rfloor + \lfloor \tfrac{3}{2 \times 4} \rfloor) + \tfrac{1}{4} f(k_{i(4)}, |Q_{i4}|, |Q'_{i2}|) + \\
&\quad \tfrac{1}{4} f(k_{i(5)}, |Q_{i5}|, |Q'_{i2}|) \rfloor \\
&= \lfloor \tfrac{1}{4} + \tfrac{3}{4} + \tfrac{1}{4}(1 + \lfloor (6-1) \times \tfrac{3}{8} \rfloor + \lfloor \tfrac{3}{2 \times 8} \rfloor) + \tfrac{1}{4} f(k_{i(5)}, |Q_{i5}|, |Q'_{i2}|) \rfloor \\
&= \lfloor \tfrac{1}{4} + \tfrac{3}{4} + \tfrac{2}{4} + \tfrac{1}{4}(1 + \lfloor (2-1) \times \tfrac{3}{2} \rfloor + \lfloor \tfrac{3}{2 \times 2} \rfloor) \rfloor \\
&= \lfloor \tfrac{1}{4} + \tfrac{3}{4} + \tfrac{2}{4} + \tfrac{2}{4} \rfloor = 2 \\
k'_{i(3)} &= \lfloor \tfrac{1}{2} f(k_{i(2)}, |Q_{i2}|, |Q'_{i3}|) + \tfrac{1}{2} f(k_{i(4)}, |Q_{i4}|, |Q'_{i3}|) \rfloor \\
&= \lfloor \tfrac{1}{2}(1 + \lfloor (1-1) \times \tfrac{4}{3} \rfloor + \lfloor \tfrac{4}{2 \times 3} \rfloor) + \tfrac{1}{2} f(k_{i(4)}, |Q_{i4}|, |Q'_{i3}|) \rfloor \\
&= \lfloor \tfrac{1}{2} + \tfrac{1}{2}(1 + \lfloor (6-1) \times \tfrac{4}{8} \rfloor + \lfloor \tfrac{4}{2 \times 8} \rfloor) \rfloor \\
&= \lfloor \tfrac{1}{2} + \tfrac{3}{2} \rfloor = 2
\end{aligned}
$$

Ceci signifie que pour la relation préalablement définie, le point de qualité $< 3, 1, 4, 6, 2 >$ se traduit par $< 3, 2, 2 >$.

4.1.3 Traduction en sens inverse

On remarque aisément que l'on ne peut pas revenir exactement au point de qualité initial à l'aide d'une fonction inverse. En effet, plusieurs points de qualité de niveau supérieur donnent le même point de qualité de niveau inférieur. C'est d'ailleurs le cas, dans l'exemple précédent, avec les points $< 3, 1, 4, 5, 2 >$ et $< 3, 1, 4, 6, 2 >$ qui se traduisent tous deux par $< 3, 2, 2 >$.

Cependant, lorsque le système aura déterminé la qualité allouée à l'usager, une façon simpliste d'exprimer à l'usager la qualité allouée en dimensions de qualité de niveau supérieur, consiste à traduire tous les points de qualité possibles et en trouver un correspondant à la qualité allouée. L'algorithme n'aura qu'à traduire chacun des points de qualité jusqu'à ce qu'il trouve une traduction correspondant à la qualité allouée. Alors ce point de qualité sera la qualité allouée exprimée en termes des dimensions de qualités de niveau supérieur. Cette méthode ressemble énormément à une recherche séquentielle. On pourrait aussi, à l'aide de calculs assez simples, approximer un point de qualité de niveau supérieur dont la traduction se rapproche de la qualité obtenue.

En résumé, les étapes réalisées sont les suivantes :

1. L'usager fournit la qualité minimale requise (k_i^{min}) pour que la tâche vaille la peine d'être exécutée.
2. Le système traduit ce point de qualité en paramètres du système (dimensions de qualité de niveau inférieur).
3. Le système résout le problème de programmation mathématique et alloue une qualité correspondant à un point de qualité exprimé en termes de paramètres du système.
4. La tâche trouve un point de qualité dominant k_i^{min} dont la traduction donne la qualité allouée à la tâche et l'utilise pour exprimer à l'usager le niveau de qualité lui ayant été alloué.

4.1.4 Traduction des fonctions d'utilité

Cette étape semble plus complexe. En effet, on ne connaît que les fonctions d'utilité s'appliquant à des dimensions de qualité de niveau supérieur et on veut en déduire la fonction d'utilité de la tâche qui devra être calculée à l'aide de points de qualité de niveau inférieur.

De plus, comme on l'a vu précédemment, les dimensions de qualité s'influencent entre elles selon une certaine relation déterminée par le concepteur (tabl. 4.3, sect. 4.1.1). Ainsi, par exemple, il se peut que les dimensions de qualité de niveau supérieur Q_{i1}, Q_{i2} et Q_{i3} influencent à parts égales (ou non) une dimension de qualité de niveau inférieur Q'_{i1}. De plus, il est fort possible que la fonction d'utilité de Q_{i1} soit linéaire, alors que celle de Q_{i2} est de type escalier et que celle de Q_{i3} est exponentielle.

Il sufft de découvrir une façon de calculer la fonction d'utilité de chacune des dimensions de niveau inférieur pour réussir à générer la fonction d'utilité de la tâche. Or, tout ce que l'on possède consiste en l'ensemble des indices de qualité des dimensions de niveau supérieur et inférieur et de la fonction d'utilité de chacune des dimensions de niveau supérieur (déterminées par l'usager).

Voici la solution que nous proposons.

Créez u_i à l'aide de tous les u_{is}
/* Pour chaque dimension de qualité de niveau inférieur */
POUR $s = 1..|Q'_{id_i}|$ **BOUCLE**
        POUR $v = 1..|Q'_{is}|$ **BOUCLE** /* Pour chaque valeur de Q'_{is} */
            SI il existe un point de qualité de niveau supérieur k se
            traduisant par k' et tel que $k'_{i(s)} = v$ **ALORS**
                Calculez l'utilité du point k $(u_i(k))$
                Associez $u_i(k)$ et v
            SINON SI $v = |Q'_{is}|$ **Alors**
                Associez 1 et v
            FINSI
        FIN POUR
        Créez la fonction d'utilité u'_{is} de la dimension s par régression sur
        les associations
        Enlevez toutes les associations
FIN POUR
Utilisez tous les u'_{is} pour créer u'_i

4.1.5 Exemple de traduction de fonction d'utilité

De façon à présenter l'algorithme élaboré, nous utiliserons l'exemple introduit en 4.1.1.

Soit les cinq dimensions de qualité de niveau supérieur suivantes :

$Q_{i1} = \{1, 2, 3, 4, 5\}$,

$Q_{i2} = \{1, 2, 3\}$,

$Q_{i3} = \{1, 2, 3, 4\}$,

$Q_{i4} = \{1, 2, 3, 4, 5, 6, 7, 8\}$ et

$Q_{i5} = \{1, 2\}$.

Soit les trois dimensions de qualité de niveau inférieur suivantes :

$Q'_{i1} = \{1, 2, 3, 4, 5, 6\}$,

$Q'_{i2} = \{1, 2, 3\}$ et

$Q'_{i3} = \{1, 2, 3, 4\}$.

Supposons encore que le constructeur de l'application a choisi d'accorder la même importance (le même poids) à chacun des liens entre les dimensions. On obtient alors le tableau suivant :

Niveau inférieur	Niveau supérieur
Q'_{i1}	$\frac{1}{3}Q_{i1} + \frac{1}{3}Q_{i2} + \frac{1}{3}Q_{i3}$
Q'_{i2}	$\frac{1}{4}Q_{i2} + \frac{1}{4}Q_{i3} + \frac{1}{4}Q_{i4} + \frac{1}{4}Q_{i5}$
Q'_{i3}	$\frac{1}{2}Q_{i2} + \frac{1}{2}Q_{i4}$

Tableau 4.4 : Exemple de transformation des dimensions de qualité de niveau supérieur en dimensions de niveau inférieur.

Nous avons maintenant besoin de l'utilité de chaque dimension de qualité de niveau supérieur. Nous supposerons que l'usager a décidé d'accorder le même poids (la même importance) à chacune des dimensions ($p_{is} = 1$, $1 \leqslant s \leqslant 5$). Supposons de plus que l'utilisateur a choisi une fonction linéaire pour les dimensions 1 et 5, escalier pour les dimensions 2 et 4 et exponentielle pour la dimension 3. Par exemple

$u_{i1}(k_i) = \frac{k_{i(1)} - 1}{4}$,

$u_{i2}(k_i) = \frac{1}{2} \times \frac{(k_{i(2)} - 1) \times 3}{3}$,

$$u_{i3}(k_i) = 1 - e^{(\frac{-4.615}{3}) \times k_{i(3)} + \frac{4.605 - 0.04}{3}},$$
$$u_{i4}(k_i) = \frac{1}{2} \times \frac{(k_{i(4)} - 1) \times 3}{8} \text{ et}$$
$$u_{i5}(k_i) = k_{i(5)} - 1.$$

Effectuons maintenant la trace de l'algorithme pour déterminer la fonction d'utilité de la tâche pour les points de qualité de niveau inférieur.

Création de $u_i(k_i) : \sum_{s=1}^{5} p_{is} u_{is}(k_{i(s)})$

POUR $s = 1$ /* Donc, pour Q'_1 */

    POUR $v = 1$

        Il existe $< 1, 1, 1, 1, 1 > \longrightarrow < 1, 1, 1 >$ ALORS

        Utilité de $< 1, 1, 1, 1, 1 > = 0.02$

        On associe 1 et 0.02

    POUR $v = 2$

        Il existe $< 1, 2, 1, 1, 1 > \longrightarrow < 2, 1, 1 >$ ALORS

        Utilité de $< 1, 2, 1, 1, 1 > = 0.26$

        On associe 2 et 0.26

    POUR $v = 3$

        Il existe $< 2, 3, 2, 1, 1 > \longrightarrow < 3, 1, 2 >$ ALORS

        Utilité de $< 2, 3, 2, 1, 1 > = 0.68$

        On associe 3 et 0.68

    POUR $v = 4$

        Il existe $< 3, 3, 3, 1, 1 > \longrightarrow < 4, 1, 2 >$ ALORS

        Utilité de $< 3, 3, 3, 1, 1 > = 0.82$

        On associe 4 et 0.82

    POUR $v = 5$

        Il existe $< 4, 3, 4, 1, 1 > \longrightarrow < 5, 2, 2 >$ ALORS

        Utilité de $< 4, 3, 4, 1, 1 > = 0.91$

        On associe 5 et 0.91

    POUR $v = 6$

        Il n'existe aucun point donnant $< 6, ?, ? >$

        Associons 6 et 1.00, le maximum possible

    On crée la fonction $u_{i1}(k_i) = 0.5803 ln(k_{i(1)}) - 0.0214$ **par régression**

POUR $s = 2$ /* Donc, pour Q'_2 */

    POUR $v = 1$

        Il existe $< 1, 1, 1, 1, 1 > \longrightarrow < 1, 1, 1 >$ ALORS

        Utilité de $< 1, 1, 1, 1, 1 > = 0.02$

        On associe 1 et 0.02

    POUR $v = 2$

        $< 1, 1, 1, 1, 1 > \longrightarrow < 1, 1, 1 >$

        Il existe $< 1, 3, 3, 3, 2 > \longrightarrow < 3, 2, 2 >$ ALORS

        Utilité de $< 1, 3, 3, 3, 2 > = 0.83$

        On associe 2 et 0.83

    POUR $v = 3$

        Il n'existe aucun point donnant $<?, 3, ? >$

        Associons 3 et 1.00, le maximum possible

On crée la fonction $u_{i2}(k_i) = 0.9187 ln(k_{i(1)}) - 0.0613$ **par régression**

POUR $s = 3$ /* Donc, pour Q'_3 */

    POUR $v = 1$

        $< 1, 1, 1, 1, 1 > \longrightarrow < 1, 1, 1 >$

        Utilité de $< 1, 1, 1, 1, 1 > = 0.02$

        On associe 1 et 0.02

    POUR $v = 2$

        $< 1, 2, 1, 3, 1 > \longrightarrow < 2, 1, 2 >$

        Utilité de $< 1, 2, 1, 3, 1 > = 0.45$

        On associe 2 et 0.45

    POUR $v = 3$

        $< 1, 3, 1, 5, 1 > \longrightarrow < 2, 1, 3 >$

        Utilité de $< 1, 3, 1, 5, 1 > = 0.88$

        On associe 3 et 0.88

    POUR $v = 4$

        Il n'existe aucun point donnant $<?, ?, 4 >$

        Associons 4 et 1.00, le maximum possible

On crée la fonction $u_{i3}(k_i) = 0.7359 ln(k_{i(3)}) - 0.0028$ **par régression**

On crée la fonction d'utilité

$$u_i(k_i) = \sum_{s=1}^{3} u_{is}(k_{i(s)})$$

$$= 0.9187 \times ln(k_{i(1)}) + 0.5803 \times ln(k_{i(2)}) + 0.7359 \times ln(k_{i(3)}) - 0.0855$$

Il est à noter que pour effectuer la régression, nous avons choisi une fonction logarithmique. Nous aurions pu aussi choisir une fonction linéaire plus facile à calculer.

Nous pourrions aussi employer d'autres méthodes. Par exemple, pour chaque point de qualité de niveau inférieur k_i', on trouve le premier point de qualité de niveau supérieur k_i dont la traduction donne k_i'. On associe alors l'utilité de k_i' à celle de k_i. Cela nous force cependant à approximer l'utilité des points de qualité n'ayant pas de pré-image.

4.2 LIAISON RESSOURCE - POINT DE QUALITÉ

Lorsque la traduction est terminée, on obtient pour chaque tâche T_i un point de qualité minimal exprimé en dimensions de qualité compréhensibles par le système. Avant de pouvoir commencer à générer des contraintes, il faut connaître le lien entre un point de qualité et la consommation de ressources. En effet, si on connaît la demande occasionnée en ressources par tous les points de qualité, il devient relativement simple d'émettre des contraintes de façon à déterminer les points de qualité et les ressources appropriées pour répondre aux attentes des tâches. En fait, si on ignore la relation entre un point de qualité et les ressources, on ne peut pas créer la relation $\models_i$ et on ne peut donc pas résoudre le problème.

Cette étape doit être indépendante de l'application. Elle ne nécessite d'ailleurs que la connaissance des ressources et des dimensions de qualité du système. Ainsi, plutôt que de complexifier toutes les applications, il suffit d'ajouter une façon de résoudre ce problème dans le gestionnaire de QoS. Ce dernier sera responsable de fournir la relation entre ses paramètres et ses ressources. Pour ce faire, il pourra conserver cette relation qu'il utilisera lors de la génération du modèle.

Lee utilise une "architecture" ressemblant à ceci :

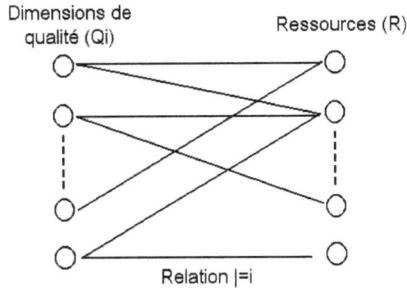

Figure 4.3 : Architecture de Lee (Lee, 1999, p.37)

Nous proposons plutôt l'architecture suivante :

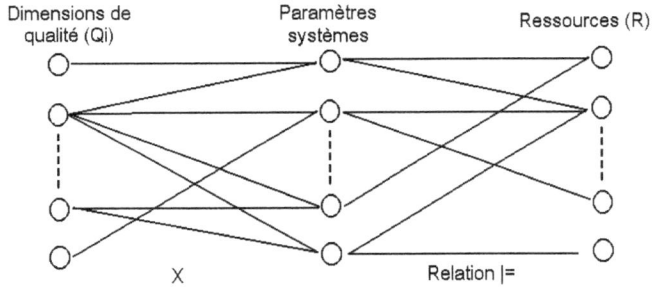

Figure 4.4 : Nouvelle architecture proposée

Cette approche se base sur un concept client-serveur. Elle permet d'offrir un niveau de qualité à la tâche sans que cette dernière ne connaisse la consommation de ressources s'y rattachant. Ainsi, une fois que la matrice X est créée, la relation $\models$ peut varier sans que cela n'affecte le comportement de la tâche. Voici les différents avantages que ce choix apporte :

– il permet de vulgariser les dimensions de qualité visibles par l'usager ;
– il permet de n'avoir à créer qu'une seule fois la relation $\models$ pour l'ensemble des n tâches ;

47

- l'ajout d'une nouvelle ressource n'affecte pas les tâches (la matrice X) ;
- il simplifie l'algorithme de liaison points de qualité - ressources, puisque le nombre de paramètres systèmes est fixe ;
- il simplifie la création de la matrice X, puisque le créateur de l'application peut considérer les paramètres systèmes comme un niveau de qualité garanti par le serveur (un peu comme un service).

Il est cependant à noter que le prix à payer est l'obligation de traduire les dimensions de qualité de l'usager en paramètres du système.

Le problème consiste à créer la relation $\models$. Une solution consiste à interroger le système pour identifier ses caractéristiques. Plus simplement, il suffit d'exécuter des tests préalablement choisis qui permettront, selon les résultats obtenus, de déterminer la puissance du système et du fait même les besoins en ressources nécessaires pour satisfaire une valeur précise d'un paramètre du système. On nomme cette méthode "probing", ce qui revient à "sonder" le système. Les tests devant être effectués varieront selon les paramètres à tester. Il pourrait s'agir d'un test de transfert de données, de temps de compression, etc.

4.3 CHOIX DE LA FONCTION D'UTILITÉ DU SYSTÈME

Comme mentionné dans le chapitre précédent, la fonction d'utilité du système employée par Lee est unique. Or, nous croyons que l'administrateur du système devrait être en mesure de déterminer la fonction d'utilité à employer. Celle choisie par Lee est la suivante :

$\sum_{i=1}^{n} u_i(k_{ij})$, $1 \leqslant j \leqslant |Q_i|$ (k_{ij} étant le point de qualité sélectionné pour la tâche i).

Or, ceci signifie que l'utilité du système est la somme des utilités de toutes les tâches du système. On voudrait, entre autres, allouer un poids à chaque tâche (par exemple, en fonction de la priorité de la tâche). On obtiendrait alors ceci :

$$\sum_{i=1}^{n} p_i u_i(k_{ij}).$$

Plusieurs autres possibilités s'offrent à nous. Cependant, nous croyons que la modification apportée ci-dessus est absolument nécessaire.

4.4 NORMALISATION DE L'UTILITÉ

Tel que mentionné ci-haut, chaque fonction d'utilité d'une dimension de qualité devrait avoir la même influence sur l'utilité de la tâche. Si jamais l'utilisateur de la tâche désire modifier l'importance d'une dimension, il sera toujours possible d'allouer un poids à cette dimension, ce qui permettra de ne modifier que la fonction d'utilité de la tâche, plutôt que d'avoir à modifier la fonction d'utilité de chaque dimension de qualité.

Un moyen de résoudre ce problème est de forcer les fonctions d'utilité de chaque dimension à prendre des valeurs comprises entre 0 et 1. De cette façon, l'influence de chaque fonction sera la même, mais le comportement de chacune pourra différer (linéaire, exponentielle, etc.).

Voici quelques squelettes de fonction pouvant servir à définir les fonctions d'utilité des dimensions de qualité et des exemples associés à une dimension ayant cinq éléments. Il serait évidemment possible d'en définir de nouveaux.

$TYPE$	$SQUELETTE$	1	2	3	4	5
$Linéaire$	$u_{is}(k_i) = \frac{k_{i(s)}-1}{|Q_{is}|-1}$	0	0.25	0.5	0.75	1
$Second\ degré$	$u_{is}(k_i) = \frac{(k_{i(s)}-1)^2}{(|Q_{is}|-1)^2}$	0	$\frac{1}{16}$	$\frac{1}{4}$	$\frac{9}{16}$	1
$Escalier$	$u_{is}(k_i) = \frac{1}{nb.palier-1} \times \lfloor \frac{(k_{i(s)}-1)nb.palier}{|Q_{is}|} \rfloor$	0	0	$\frac{1}{2}$	$\frac{1}{2}$	1
$Exponentielle$	$u_{is}(k_i) = 1 - e^{(\frac{-4.615}{|Q_i|-1})k_{i(s)}+\frac{4.605-0.01|Q_i|}{|Q_i|-1}}$	0.015	0.69	0.9	0.97	0.99

Tableau 4.5 : Squelettes et illustration de fonctions d'utilité

Il est à noter que pour la fonction exponentielle, nous avons posé les hypothèses suivantes pour créer la fonction.

1. $1 - e^{a+b} = 0.01$ et
2. $1 - e^{a|Q_i|+b} = 0.99$.

Si on désire ensuite ajouter des poids (ou priorités) à certaines dimensions, il suffit d'associer un poids à chaque dimension (notons celui-ci p_{is}), ce qui nous permet d'obtenir la fonction d'utilité de tâche suivante :

$$u_i(k) = \sum_{s=1}^{d_i} p_{is} \times u_{is}(k_{i(s)}).$$

Il faut évidemment faire attention de ne pas recréer la même erreur avec la fonction d'utilité de la tâche. Il faut donc s'assurer aussi que la fonction d'utilité de la tâche prend une valeur normalisée (entre 0 et 1). Ainsi, il serait sage de poser comme fonction d'utilité de la tâche la fonction suivante :

$$u_i(k) = \frac{\sum_{s=1}^{d_i} p_{is} u_{is}\left(k_{i(s)}\right)}{\sum_{s=1}^{d_i} p_{is}}.$$

Le résultat se situera nécessairement entre 0 et 1, ce qui rendra la fonction d'utilité du système significative et permettra malgré tout d'allouer un poids à une tâche à l'aide des p_i.

En résumé, les étapes réalisées sont les suivantes :

1. L'usager choisit un comportement pour l'utilité de chacune des dimensions de qualité de niveau supérieur. Par exemple, il pourrait choisir un comportement linéaire pour la qualité du son et un comportement exponentiel pour la fluidité des images. Cette étape fournit donc toutes les fonctions u_{is}.

2. L'usager, en plus du comportement, spécifie l'importance de chaque dimension. Par défaut, chaque dimension possède le même poids ($p_{is} = 1$). Cette étape fournit donc tous les p_{is}.

3. Le système utilise la fonction d'utilité et le poids alloué à chacune des dimensions pour créer la fonction d'utilité de la tâche. Il fait de même avec toutes les tâches. Cette étape fournit donc toutes les u_i.

4. Le système associe une priorité à chacune des tâches (grâce aux droits ou à l'importance du propriétaire de la tâche). Cette étape fournit donc tous les p_i.

5. À l'aide de la fonction d'utilité de chaque tâche et de sa priorité, le système crée la fonction d'utilité du système.

En réalisant l'ensemble de ces modifications, le système devrait pouvoir construire le modèle et le résoudre. Puisque la construction du modèle nécessite beaucoup de données, il est important de savoir comment conserver ces dernières. Le prochain chapitre permettra de décrire les classes nécessaires pour conserver l'ensemble des informations utiles à la création du modèle mathématique.

Chapitre 5

ANALYSE ET MODÉLISATION

Tel que mentionné dans l'introduction, ce mémoire s'inscrit dans un travail de recherche financé par le RCM2. Il vise à créer des stratégies qui permettront de développer un outil pouvant résoudre le modèle mathématique présenté dans ce document.

Donc, ce chapitre permettra de :

- identifier les étapes nécessaires à la création du modèle et, par le fait même, à l'allocation des ressources et de la qualité de chacune des tâches ;
- décrire les acteurs et différents étapes de création du système de gestion de QoS, et
- construire le modèle conceptuel nécessaire à la conservation des données de l'outil à développer.

5.1 ALGORITHME GÉNÉRAL

Nous présentons maintenant les différentes étapes à suivre pour résoudre le problème d'allocation de ressources dans un système multimédia réparti.

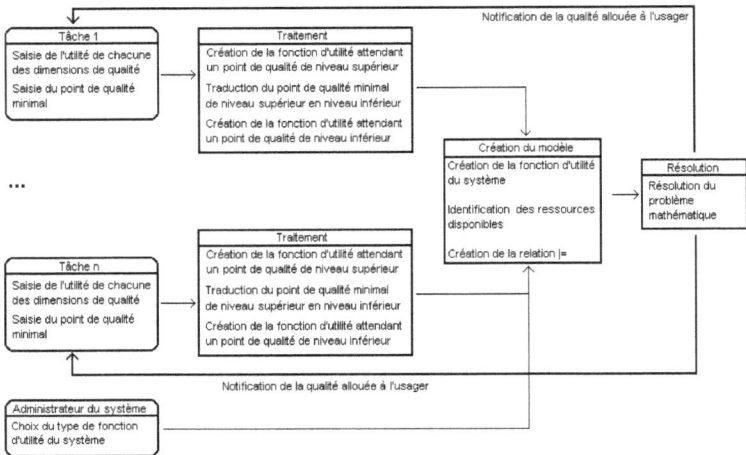

Figure 5.1 : Étapes nécessaires à la résolution du problème

5.1.1 Liste des étapes

1. Sélection de la fonction d'utilité du système par l'administrateur

2. Sélection, par l'usager, de la qualité attendue

3. Création de la fonction d'utilité et traduction du point de qualité et de la fonction d'utilité

4. Détermination des ressources allouables

5. Construction de la relation entre les ressources et les points de qualité du système ($\models$)

6. Création et résolution du modèle

7. Notification de la qualité allouée

5.1.2 Ordonnancement des étapes

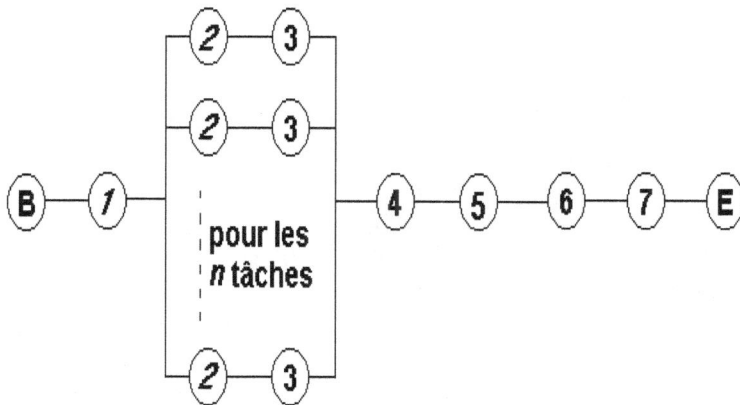

Figure 5.2 : Ordonnancement des étapes à suivre

Les étapes en italique (1 et 2) représentent les étapes qui n'ont pas besoin d'être répétées. Si l'on doit résoudre le problème à nouveau, il sera inutile d'exécuter à nouveau cette étape. Il suffira d'utiliser le résultat obtenu lors de la dernière exécution.

5.2 ÉTAPES DE CRÉATION

1. Étape no 1 : Sélection de la fonction d'utilité du système

   Cette étape doit être achevée pour que l'étape no 6 (création et résolution du modèle) puisse être réalisée. Cette étape ne se fera que rarement et n'a d'ailleurs pas besoin d'être réalisée lors de chaque résolution de notre problème. Il suffit de conserver les résultats d'une exécution précédente puisque les informations obtenues ne varieront pas.

   Acteur : L'administrateur du système.

   Règles d'initialisation : cette étape sera effectuée lors de l'implantation du système de gestion de QoS. Par la suite, elle ne sera effectuée que si l'administrateur désire modifier le comportement de son système. Elle ne doit donc être réalisée qu'une fois au maximum par résolution du modèle. Si elle n'est pas réalisée, les étapes dépendantes utiliseront le résultat de l'exécution précédente.

Séquence d'événements

Acteur	Événement	Réponse du gestionnaire
Administrateur	*Demande de spécifier le type d'utilité du système*	
		Le gestionnaire de QoS demande d'effectuer un choix parmi un ensemble de types d'utilité possibles
Administrateur	*Choisit un élément dans l'ensemble offert*	
		Le gestionnaire enregistre l'élément choisi de façon à pouvoir s'en servir lors de la création du modèle à l'étape 6

Règles de terminaison : L'étape se termine lorsque l'administrateur a choisi un élément et que le système l'a enregistré.

Exception : Aucune.

Étape dépendante : Création et résolution du modèle (étape 6).

2. Étape no 2 : Sélection, par l'usager, de la qualité attendue

L'usager doit fournir la qualité minimale attendue, de même que le comportement de l'utilité des dimensions de qualité de sa tâche et les poids de ces dimensions. Cette étape peut se faire simultanément pour toutes les tâches, mais doit être terminée pour que l'on puisse réaliser l'étape no 3. Elle doit être réalisée au maximum une fois par résolution du modèle pour chacune des n tâches.

<u>Acteur</u> : L'usager à qui appartient une tâche.

<u>Règles d'initialisation</u> : Cette étape sera obligatoirement effectuée avant que l'usager ne démarre une tâche. Par la suite, elle ne sera effectuée que si l'usager désire modifier le comportement de sa tâche. Elle ne doit donc être réalisée qu'au plus une fois par résolution du modèle. Si elle n'est pas réalisée, les étapes dépendantes utiliseront le résultat de l'exécution précédente.

<u>Séquence d'événements</u>

Acteur	Événement	Réponse du gestionnaire
Usager	*Demande la modification de son profil.*	
Usager	*Spécifie pour chacune des dimensions de sa tâche la valeur minimale acceptable. Le vecteur formé par les valeurs fournies est appelé le point de qualité minimal (k_i^{min}).*	
		Le gestionnaire de QoS enregistre le point de qualité minimal choisi. Pour chacune des dimensions de qualité de la tâche de l'usager, le gestionnaire de QoS offre un ensemble de comportements possibles pour la fonction d'utilité de la dimension (linéaire, exponentielle, escalier, etc.).

56

Acteur	Événement	Réponse du gestionnaire
Usager	*Pour chacune des dimensions, l'usager choisit un des éléments de l'ensemble représentant le comportement de l'utilité de la dimension et spécifie le poids (p_{is}) de cette dimension.*	
		Pour chacune des dimensions, le gestionnaire crée la fonction d'utilité correspondante selon le type de fonction choisi.
		Le gestionnaire regroupe les sélections et crée la fonction d'utilité de la tâche à l'aide de l'équation :

$$u_i(k) = \frac{\sum\limits_{s=1}^{d_i} p_{is} u_{is}(k_{i(s)})}{\sum\limits_{s=1}^{d_i} p_{is}}$$

Le gestionnaire enregistre la fonction d'utilité de la tâche.

<u>Règles de terminaison</u> : L'étape se termine lorsque l'utilisateur a choisi un type de comportement pour l'utilité de chaque dimension et que le gestionnaire s'en est servi pour créer l'utilité de la tâche. L'étape peut aussi se terminer si l'usager décide d'utiliser les valeurs implicites offertes par le gestionnaire.

<u>Exception</u> : Aucune.

<u>Étapes dépendantes</u> : Traduction des points de qualité et fonctions d'utilité (étape 3), création et résolution du modèle (étape 6).

3. <u>Étape no 3 : Création et traduction de la fonction d'utilité et du point de qualité</u>
   Cette étape ne peut s'effectuer qu'après l'étape 2, puisqu'elle nécessite la connaissance de la fonction d'utilité de la tâche, de même que du point de

qualité minimal choisi par l'usager. Elle doit obligatoirement être réalisée pour chacune des tâches, donc n fois, lors de chaque résolution du modèle.

Acteur : Le gestionnaire de QoS.

Règles d'initialisation : Cette étape sera obligatoirement effectuée une et une seule fois par tâche et ce lors de chacune des résolutions du modèle.

Séquence d'événements

Acteur	Événement
Gestionnaire	*Exécution de l'algorithme de traduction pour chacune des tâches.*
Gestionnaire	*Enregistrement de l'utilité résultante de chacune des tâches.*
Gestionnaire	*Enregistrement du nouveau point de qualité minimale de chacune des tâches.*

Règles de terminaison : L'étape se termine lorsque le gestionnaire possède la qualité minimale acceptable (k_i^{min}) et l'utilité (u_i) exprimées en fonction des points de qualité de niveau inférieur et ce pour les n tâches concurrentes.

Exception : Aucune.

Étape dépendante : Création et résolution du modèle (étape 6).

4. Étape no 4 : Détermination des ressources allouables

Cette étape peut se faire en même temps que les étapes 2 et 3. Elle doit cependant être terminée pour effectuer l'étape 5. Elle permet au gestionnaire de déterminer les ressources disponibles pouvant être allouées aux tâches. À la différence des étapes 1 et 2, celle-ci doit nécessairement être réalisée à chaque résolution du modèle puisque les ressources du système peuvent varier selon l'utilisation de celui-ci par des processus autres que des tâches multimédia.

Acteur : Le gestionnaire de QoS.

Règles d'initialisation : Cette étape doit obligatoirement être effectuée à chaque fois que le modèle est résolu.

Séquence d'événements

Acteur	Événement	Réponse du système
Gestionnaire	*Interroge le système pour déterminer la quantité de ressources disponibles.*	
		Pour chacune des ressources, le système donne la quantité disponible et l'unité correspondante.
Gestionnaire	*Détermine l'unité d'allocation de chacune des ressources ($r_\ell^{unité}$), de même que le nombre d'unités allouables (r_ℓ^{max}).*	

Règles de terminaison : L'étape se termine lorsque le gestionnaire connaît l'ensemble des m ressources, de même que r_ℓ^{max}, $r_\ell^{unité}$ et le type d'unité d'allocation (ko, kbps, etc.).

Exception : Aucune.

Étape dépendante : Liaison des ressources et des points de qualité (étape no 5).

5. Étape no 5 : Liaison des ressources et des points de qualité

   Cette étape ne peut s'effectuer qu'après l'étape 4, puisqu'elle nécessite la connaissance des ressources allouables. Elle doit obligatoirement être réalisée une et une seule fois lors de chaque résolution du modèle.

   Acteur : Le gestionnaire de QoS.

   Règles d'initialisation : Cette étape sera obligatoirement effectuée une et une seule fois lors de chacune des résolutions du modèle.

Acteur	Événement
Gestionnaire	*Le gestionnaire de QoS associe à chaque point de qualité de niveau inférieur l'allocation (ou les allocations) de ressources minimale(s) permettant de satisfaire le point de qualité.*

Règles de terminaison : L'étape se termine lorsqu'on a associé à chacun des points de qualité de niveau inférieur une allocation de ressources ou que le gestionnaire a déterminé qu'aucune allocation ne pouvait satisfaire ce point.

Exception : Aucune.

Étape dépendante : Création et résolution du modèle (étape no 6).

6. Étape no 6 : Création et résolution du modèle

Cette étape ne peut s'effectuer qu'après les étapes 1, 2, 3, 4 et 5, puisqu'elle nécessite la connaissance de toutes les informations fournies par ces étapes. Elle doit obligatoirement être réalisée une et une seule fois lors de chaque résolution du modèle.

Acteur : Le gestionnaire de QoS.

Règles d'initialisation : Cette étape sera obligatoirement effectuée une et une seule fois lors de chacune des résolutions du modèle.

Séquence d'événements

Acteur	Événement	Réponse du système
Gestionnaire	*Création de la fonction d'utilité du système à partir du type choisi par l'administrateur, de l'utilité (de niveau inférieur) de chacune des n tâches et de la priorité de chacun des usagers.*	
Gestionnaire	*Création des contraintes pour les n tâches à partir de l'ensemble des points de qualité (de niveau inférieur) et de la liaison entre les ressources et les points de qualité.*	
		Résolution du modèle à l'aide d'un outil de programmation linéaire et détermination de l'allocation et de la qualité devant être offertes à chacune des tâches.

<u>Règles de terminaison</u> : L'étape se termine lorsque l'on a résolu le modèle et que le gestionnaire sait quelle qualité et quelle allocation de ressources doivent être affectées à chacune des tâches.

<u>Exception</u> : Impossibilité de résoudre le modèle mathématique (aucune allocation de qualité ou de ressources possible).

<u>Étape dépendante</u> : Notification de la qualité allouée (étape no 7).

7. Étape no 7 : Notification de la qualité allouée

Cette étape ne peut s'effectuer qu'après l'étape 6, puisqu'elle nécessite

61

la connaissance de la qualité et des ressources à allouer à chaque tâche. Elle doit obligatoirement être réalisée une fois et une seule lors de chaque résolution du modèle.

Acteur : Le gestionnaire de QoS.

Règles d'initialisation : Cette étape sera obligatoirement effectuée une et une seule fois lors de chacune des résolutions du modèle.

Séquence d'événements

Acteur	Événement
Gestionnaire	*Le gestionnaire exprime la qualité attribuée à une tâche en termes des dimensions de qualité de niveau supérieur.*

Règles de terminaison : L'étape se termine lorsque l'usager a reçu le niveau de qualité qui doit lui être alloué.

Exception : Aucune.

Étape dépendante : Aucune.

5.3 MODÈLE CONCEPTUEL

La création du modèle mathématique présenté dans ce mémoire nécessite beaucoup d'informations. Voici un diagramme objet UML ayant pour but de conserver ces dernières. Chacune des différentes classes le composant sera décrite plus loin.

Usager
- Nom
- Priorité
- Mot de passe

Tâche
- PID
- Date de création

Application
- Nom
- Taille
- Description

0..*   0..*   0..*

1

1

0..*

1

Profil de l'usager

0..*

Profil de l'application

1

Même valeur que l'autre *

Comportement
- Tutilité
- Tpoids

1..*

Profil de QdS

0..*

Profil de Ressources

1

1

1

0..*

Relation !=

Contrainte
- Opérateur
- Valeur

0..*

Point de qualité

1..*

0..*

Allocation de ressources

1..*

Transformation

1..*

0..*

Espace de qualité

Serveur
- Numéro
- Emplacement

Ressource
- Nom
- Description
- Rmax
- Rjusta

1..*

0..*   0..1   0..*

source   cible

Administrateur
- Nom
- Mot de passe

0..*

1..*

Même valeur que l'autre *

Poids
- Poids dans la matrice (fraction)

1

Utilité du système
- Type

0..1

Type d'unité
- Nom

1

1

0..*   1..*

Dimension de qualité
- Nom
- Description

1   1..*   0..*   1   1..*

Ensemble de valeurs
- Valeurs
- Index associé

1

Catégorie
- Nom
- Description

0..*

1

5.3.1 Description des classes

– <u>Administrateur</u> : Un administrateur est un individu ayant pour fonction de gérer un ou plusieurs serveur(s). Il possède un nom et un mot de passe. On pourrait aussi spécifier ses droits d'accès.
  – Un administrateur peut gérer un ou plusieurs serveurs.
  – Un administrateur peut choisir la fonction d'utilité du système.
– <u>Allocation de ressources</u> : Une allocation de ressources est un élément du produit cartésien de toutes les ressources. C'est donc un vecteur.
  – Une allocation de ressources appartient au produit cartésien de toutes les ressources.
  – Une allocation de ressources peut satisfaire un ou plusieurs point(s) de qualité.
– <u>Application</u> : Une application est un logiciel pouvant être exécuté. Chaque application possède donc une taille, un nom et une description. On pourrait même lui ajouter un créateur et des droits d'accès (au besoin). Par ailleurs, l'exécution d'une application se nomme une tâche (voir plus loin).
  – Une application peut permettre la création d'une ou plusieurs tâches.
  – Chaque application doit posséder un et un seul profil d'application (voir plus loin) permettant de décrire ses caractéristiques au niveau de la QoS.
– <u>Catégorie</u> : Une catégorie permet de regrouper des dimensions de qualité dans le but de les classifier et ainsi de les retrouver plus facilement. Chaque catégorie possède un nom et une description.
  – Une catégorie peut regrouper une ou plusieurs dimensions de qualité.
– <u>Comportement</u> : Un comportement permet de caractériser l'utilité d'une dimension de qualité. Il contient une fonction d'utilité et un poids.
  – Un comportement fait partie d'un profil de l'usager.
  – Un comportement fait partie d'un profil de QoS.
  – Un comportement peut être limité par une ou plusieurs contrainte(s).
– <u>Contrainte</u> : Une contrainte constitue un moyen pour l'usager de spécifier les valeurs acceptables que l'on peut allouer à la qualité d'une dimension. Elle permet donc de spécifier que la qualité allouée à une dimension doit être supérieure à une valeur donnée. Voilà pourquoi on y retrouve les attributs *valeur* (la borne) et *opérateur* qui permettent d'exprimer la contrainte.
  – Une contrainte doit s'appliquer à une et une seule dimension de qualité.
  – Une contrainte doit concerner un et un seul comportement.

– Dimension de qualité : Une dimension de qualité est un ensemble de valeurs que peut prendre une caractéristique de la qualité d'une tâche. Elle ne possède que les attributs *nom* et *description*.

  – Une ou plusieurs contraintes peuvent s'appliquer à une et une seule dimension de qualité.
  – Une dimension de qualité peut servir à composer un ou plusieurs point(s) de qualité.
  – Une dimension de qualité se caractérise par un et un seul type d'unité.
  – Une dimension de qualité peut influencer un ou plusieurs profil(s) de QoS.
  – Une dimension de qualité (de niveau supérieur) doit influencer une ou plusieurs dimensions de qualité (de niveau inférieur).
  – Une dimension de qualité (de niveau inférieur) peut être influencée par une ou plusieurs dimensions de qualité (de niveau inférieur).
  – Une dimension de qualité possède un et un seul ensemble de valeurs.
  – Une dimension de qualité ne fait partie que d'une et une seule catégorie.

– Ensemble de valeurs : Un ensemble de valeurs est un groupe des différentes valeurs que peut prendre une dimension de qualité. À ces valeurs, on associe un index de qualité (une classification ordonnée des valeurs allant de 1 jusqu'au nombre de valeurs).

  – Un ensemble de valeurs n'appartient qu'à une et une seule dimension de qualité.

– Fonction d'utilité : Une fonction d'utilité permet de décrire le plaisir obtenu en fonction du niveau de qualité offert. Cela permet à l'usager de spécifier ses attentes par rapport à une dimension et, par le fait même, à la tâche.

  – Une fonction d'utilité est un type de spécification.
  – Une fonction d'utilité doit être une composante d'un profil de QoS ou d'un profil d'usager.

– Poids : Chaque cible d'une transformation possède un certain poids qui permet de savoir comment obtenir la cible à partir de la source (voir Transformation). Ainsi, on y retrouve la valeur permettant d'obtenir la cible (c'est comme un élément de la matrice X).

  – Un poids provient d'une transformation entre une dimension de qualité de niveau supérieur et une dimension de qualité de niveau inférieur.

– Point de qualité : Un point de qualité est un élément du produit cartésien d'un ensemble de dimension(s) de qualité. C'est donc un vecteur.

  – Un point de qualité est un élément d'un profil de QoS.
  – Un point de qualité appartient au produit cartésien d'une ou plusieurs dimensions de qualité.
  – Un point de qualité peut être satisfait par une ou plusieurs allocations de ressources.

- Profil de l'application : Un profil d'application n'est en fait que le regroupement d'un profil de QoS et d'un profil de ressources.
  - Un profil d'application décrit une et une seule application.
  - Un profil d'application contient un et un seul profil de QoS.
  - Un profil d'application contient un et d'un seul profil de ressources.
- Profil de l'usager : Un profil d'usager n'est en fait que le regroupement d'un ou plusieurs comportements (poids et fonctions d'utilité).
  - Un profil d'usager appartient à un et un seul usager.
  - Un profil d'usager peut décrire les attentes d'un usager pour une ou plusieurs tâches.
  - Un profil d'usager peut se composer d'un ou plusieurs comportements.
- Profil de QoS : Un profil de QoS permet de connaître les dimensions de qualité se rattachant à une application. De plus, pour chacune de ces dimensions, il conserve un poids et une fonction d'utilité implicite (un comportement).
  - Un profil de QoS doit comporter une ou plusieurs dimensions permettant d'influencer la qualité de son application.
  - Un profil de QoS se compose d'un ou plusieurs comportements. Plus exactement, il se compose d'autant de comportements qu'il y a de dimensions influençant l'application.
  - Un profil de QoS se compose d'un ou plusieurs point(s) de qualité.
- Profil de ressources : Un profil de ressources permet d'effectuer la transformation entre les dimensions de qualité duniveau supérieur et les paramètres du système (au niveau inférieur). Ce n'est en fait que la matrice X.
  - Un profil de ressources se compose d'une ou plusieurs transformations.
  - Un profil de ressources ne se rattache qu'à une application.
- Ressource : Une ressource est un élément d'un serveur pouvant être assigné en partie à l'exécution d'une tâche et influençant le niveau de qualité de celle-ci. Elle se caractérise par un nom (ex. : UCT, mémoire vive, etc...), une description, le nombre d'unités pouvant être allouées et la taille d'une unité.
  - Une ressource fait partie d'un seul serveur.
  - Une ressource influence toutes les allocations de ressources.
  - Une ressource se caractérise par un et un seul type d'unité.
- Serveur : Un serveur est un ordinateur sur lequel seront exécutées les tâches. Chaque serveur possède un numéro (ou un nom) et un emplacement physique.
  - Un serveur contient une ou plusieurs ressources.
  - Un serveur doit être géré par un ou plusieurs administrateur(s).

- Tâche : Une tâche constitue l'exécution d'une application. Chaque tâche possède un numéro de processus et une date de création. On pourrait aussi lui ajouter les différents attributs que l'on retrouve habituellement chez un processus.
  - Une tâche constitue l'exécution d'une et une seule application.
  - Une tâche est créée par un et un seul usager.
  - Une tâche possède un et un seul profil de l'usager.
- Transformation : Une transformation permet de savoir l'influence qu'a une dimension de niveau supérieur sur une dimension de niveau inférieur. Grâce à toutes les transformations, on peut réaliser la traduction du niveau supérieur vers le niveau inférieur.
  - Une transformation fait partie d'un et un seul profil de ressources.
  - Une transformation doit posséder une et une seule dimension de qualité source de niveau supérieur.
  - Une transformation peut posséder une ou plusieurs dimension(s) de qualité cibles au niveau inférieur.
- Type d'unité : Un type d'unité représente le type d'unité d'une ressource ou d'une dimension de qualité. Par exemple, on peut y retrouver Ko, Mo, Mhz, etc... Elle ne se compose que d'un nom.
  - Un type d'unité peut caractériser une ou plusieurs dimension(s) de qualité.
  - Un type d'unité peut caractériser une ou plusieurs ressource(s).
- Usager : Un usager est un individu demandant l'exécution d'une tâche. Chaque usager possède un nom, une priorité et un mot de passe. On pourrait aussi lui ajouter des droits d'accès, un groupe, etc...
  - Un usager peut exécuter une ou plusieurs tâche(s).
  - Un usager peut posséder un ou plusieurs profils parmi lesquels il choisira pour exprimer la qualité attendue par une des ses tâches.
- Utilité du système : L'utilité du système correspond au type de fonction à créer et devant être optimisée par le système. Elle ne possède que l'attribut *type* qui fait partie d'un domaine (linéaire, exponentielle, etc...).

  - La fonction d'utilité du système doit être choisie par un et un seul administrateur.

CONCLUSION

Tel que mentionné au commencement de cet ouvrage, le principal objectif de ce mémoire était le suivant :

Étudier la possibilité d'utiliser la programmation linéaire pour la gestion de la QoS dans les systèmes multimédia répartis.

Dans cette optique, voici les multiples réalisations :

- description la plus précise possible d'un modèle existant de QoS (Lee, 1999).
- présentation d'un exemple du fonctionnement de ce modèle, dans le but de démontrer et de faciliter la bonne compréhension du sujet ;
- identification des différents points pouvant être considérés comme étant faibles (ou flous) et nécessitant des modifications pour que le modéle soit utilisable ;
- proposition de quelques solutions visant à résoudre les problèmes cernés, et
- proposition d'un diagramme UML permettant de développer un système pouvant contenir l'ensemble des données nécessaires à la résolution du modèle.

Suite à ces étapes, il apparaît de façon claire que le modèle initialement proposé par Chen Lee est incomplet. En effet, il manque certains éléments essentiels à sa création. Voici les différentes lacunes et les solutions proposées :

- Manque de flexibilité de la fonction d'utilité du système.
  Pour ce problème, nous avons proposé une modification possible pouvant être apportée à la fonction d'utilité du système.
- Absence de normalisation des fonctions d'utilité.
  Pour ce problème, nous avons proposé une méthode permettant de s'assurer qu'une fonction d'utilité ne retournera jamais une valeur inférieure à 0 ou supérieure à 1.

– Absence de dimensions de qualités conviviales.

  Pour ce problème, nous avons proposé une façon de traduire un point de qualité de niveau supérieur en un point de qualité de niveau inférieur. De plus, nous avons décrit un algorithme permettant de traduire une fonction d'utilité attendant un point de qualité de niveau supérieur en une fonction d'utilité attendant un point de qualité de niveau inférieur. Il devient alors possible de saisir les attentes de l'usager sous une forme qualitative (niveau supérieur) et de les traduire en une forme quantitative (niveau inférieur).

– Absence d'une méthode permettant d'identifier l'ensemble des ressources du système pouvant être allouées aux différentes tâches et ce lors de chaque résolution du modèle. Aucune solution n'a été proposée pour résoudre ce problème.

– Absence de méthode permettant de créer un lien entre un point de qualité (composé des paramètres du système) et toutes les allocations de ressources pouvant le satisfaire. En d'autres termes, absence de méthode pour créer la relation $\models$. Nous avons proposé une idée très générale sur la façon dont on pourrait s'y prendre pour sonder le système et permettre ainsi de déterminer les ressources disponibles pour les lier aux points de qualité des paramètres du système.

Nous avons aussi proposé un diagramme de classe UML permettant de spécifier l'ensemble des données nécessaires à la résolution du modéle.

Bien qu'il reste encore beaucoup de travail à réaliser avant de pouvoir créer un prototype, nous croyons que ce mémoire constitue un pas dans la bonne direction. Il est clair que le travail présenté est théorique et qu'une des étapes suivantes consiste à examiner l'intégration de l'approche proposée à l'aide des technologies et outils existants. Le point le plus complexe, qui reste non résolu, est celui qui consiste à déterminer comment faire le lien entre les ressources et les points de qualité. Il est fort probable qu'à l'aide de quelques tests empiriques sur le serveur, il soit possible de créer une relation plutôt simple entre les ressources et les paramètres du système. Il ne s'agirait que d'effectuer des tests un peu comme le font certaines applications pour évaluer les capacités d'affichage vidéo d'un ordinateur.

Lorsque le prototype sera développé, il restera à déterminer le moment durant lequel il importe de résoudre le modèle. En effet, nous craignons que ce dernier soit trop long à résoudre pour pouvoir être employé lors de chaque démarrage d'une nouvelle tâche. Il serait alors nécessaire d'établir les moments opportuns à sa résolution ou encore de trouver une façon d'accélérer sa résolution.

Finalement, il est facile de constater que le sujet est encore récent et que, grâce à la popularité de l'Internet, celui-ci devrait prendre de l'ampleur et attirer de plus en plus l'attention des compagnies de télécommunications. Il serait surprenant que le sujet ne soit pas repris (plus ou moins sous la même forme) dans les années à venir.

RÉFÉRENCES

– Aurrecoechea, Campbell et Hauw, 1998, *A survey of QoS architectures*, Multimedia System Journal : special issue on QoS architecture

– Lee, 1999, *On Quality of Service Management*, Carnegie Mellon University, 144 pages

– Nahrstedt et Steinmetz, 1995 *Resource Management in Networked Multimedia Systems*, Handbook of Multimedia Networking, Jim Cavanagh Ed.

– Vogel et al., 1995, *Distributed Multimedia and QoS : A Survey*, IEEE Multimédia

BIBLIOGRAPHIE SÉLECTIVE

- C. Aurrecoechea, A. T. Campbell et L. Hauw, *A survey of QoS architectures*, Multimedia system journal : special issue on QoS architecture, Mai 1998

- P.E. Ciron, *Gestion d'informations de qualité de service : Document d'analyse*, UQAM, juin 2000

- S. P. Ketchpel et H. Garcia-Molina, *Competitive sourcing for Internet commerce*, Proceedings of ICDCS'98, mai 1998

- C. Lee, "On Quality of Service Management", thèse de doctorat, génie informatique, Carnegie Mellon University, août 1999

- K. Nahrstedt et R. Steinmetz, *Resource Management in Networked Multimedia Systems*, Handbook of Multimedia Networking, Jim Cavanagh Ed., 1995

- A. Vogel, B. Kerhervé, G. Bochmann et J. Gecsei, *Distributed Multimedia and*

  QoS : A Survey, IEEE Multimédia, été 1995

- J. W. Wong, K. A. Lyons, D. Evans et G. v. Bochman, *Enabling technology for distributed multimedia applications*, IBM Systems Journal, vol. 36, no. 4, 1997